台灣自然圖鑑 014

蔬果圖鑑野菜

Vegetable Encyclopedia

宋芬玫、沈競辰
許佳玲、謝素芬
著

晨星出版

目次

Contents
蔬果・野菜圖鑑

作者序

　　我們的教育領域一直有個非常弔詭的現象，就是自然教學走不出教室，學生對從沒看過的保育類動植物的生活特性可以背得滾瓜爛熟，但卻不知道每天吃的蔬菜叫何名稱？尤其是都市學生平日難得上菜市場，接觸農田的機會也不多，導致常常蔥蒜不分，基於這個想法，撰寫一本介紹與我們生活最接近的蔬菜圖鑑，以提供社會大眾對於蔬菜的認識與挑選準則，就成為我們著手撰寫的初衷。

　　蔬菜的定義其實非常籠統，其涵蓋定義及範圍相當廣泛，也會因為地域及生活習慣有所差異，像是被大家當成水果的西瓜、草莓等植物，在園藝上其實是分類為蔬菜。本書除了收錄一般常見的各種蔬菜圖片外，更詳述了有關蔬菜的種類、形態、栽培、選購要點、貯存方式等資訊，在總論內容，更介紹了一些現今專業蔬菜栽培方式及生產流程，以讓讀者對於臺灣今日的蔬菜生產能有更完整的認識與概念。

　　除了日常生活中經常接觸到的蔬菜外，近年來，在崇尚自然及養生概念蓬勃發展情況下，許多老一輩喜愛食用的野菜也開始蔚為時尚，因此，我們也特別邀請了對野菜有著濃厚興趣及研究的淡櫻老師撰寫十餘種有關野菜的內容介紹，當中除了有原生地的圖片外，對於野菜的採收、處理、烹飪過程都有詳細說明。

　　筆者是一群高職農業類科以及對植物有興趣的專業教師，為了能引起大眾對於蔬菜的瞭解，因此本書跳脫一般教科書死硬的呈現方式，而以生動活潑的圖文搭配解說，來引起大家對於認識日常生活中食用蔬菜的興趣。

　　本書經過兩年的田野拍攝及編輯，中間承蒙許多農業界人士協助，非常感謝臺南農改場王仕賢場長、謝明憲先生、桃園農改場廖芳心研究員、臺中高農廖明芳老師、員林農工宋崇銘老師在圖片上的幫忙；北門農工黃佳盛主任對臺南地區農作物生產的指引；農業委員會農糧署郭俊開技正給予極多的產地指導及意見，蕈優科技及業者郭隆語先生對蕈類栽培的協助，謹致上最大的謝意。

本書精選110種臺灣常見蔬菜，以一般大眾較
易搜尋的食用部位來作分類，內容除了介紹它們
的形態特徵外，並說明其盛產季節、選購及貯存

資訊欄

說明該物種的科名、別名、英文名、原產
地及盛產季節，以便讀者查詢。

分類

依據蔬菜的食用部
位，將其分為：

根菜類

鱗莖類

莖菜類

葉菜類

花菜類

果菜類

野菜類

果菜類

甜瓜 *Cucumis melo*

科名：葫蘆科	英文名：Melon、Cantaloupe
別名：香瓜、梨仔瓜、哈密瓜、洋香瓜、美濃瓜	原產地：熱帶中東、非洲一帶

盛產季節：1 2 3 4 5 6 7 8 9 10 11 12

↑匍地栽培的美濃瓜。

甜瓜品種非常多，早在日治時期臺灣就
引進多個品種栽培。熱帶植物的甜瓜喜歡溫
暖乾燥的生育環境，其餘各地亦有少數溫室
栽培。臺灣四季均可吃到不同品種的甜瓜，
愈是酷暑炎熱的季節，所盛產的甜瓜愈是汁
甜味美。

↑甜瓜果實縱切面。

甜瓜可生食、榨果汁、做果醬、醃漬、煮湯、
涼拌等，是健康養顏的聖品，富含膳食纖維，可促進腸胃蠕動，減少罹患直腸癌
的機率，更有豐富的維生素A、B、C，對於抗衰老、抗氧化都有幫助。生食以切
片冷藏或消暑，建議最好是趁鮮並去皮食用，避免瓜皮有農藥殘留。若有怪怪的
酸味出現，就是過熟已經不新鮮了。

甜瓜家族成員極多，大家耳熟能詳的還有網紋洋香瓜、美濃瓜、黃色的梨仔
瓜等，形狀和顏色極多，除一飽口福外，還可供觀賞。現在我們有這麼好吃的甜
瓜，要歸功於臺南區農業改良場及農友種苗公司努力的研究育種，使品種推陳出
新，常有令人驚喜的「新鮮貨」出現。趁著暑假，不妨做幾道消暑可口的甜瓜美
食料理，大啖甜瓜餐。

176

主文

詳述有關該種蔬菜的
基本特性、引進過程、
命名由來、典故、利用
方式、烹飪要訣等資
訊，以讓讀者對日常生
活中常見的蔬菜有所認
識。

方式等資訊，期望透過本書的介紹，讓一般社會大眾對於蔬菜的營養價值與選購要領有深一層的概念。

形態特徵

針對蔬菜的葉形、花色、果實、種子的外觀等特徵作說明。

形態特徵

甜瓜莖為蔓性；葉互生，掌狀5裂，有卷鬚；花腋生，黃色，雌雄異花或兩性花；漿果，果皮光滑或有網紋，果肉有白、橙黃或淡綠色；種子扁平卵圓形。

分布產地

主要以雲林以南至花蓮地區為主。

食療資訊

中醫認為，甜瓜性偏甘寒，水分含量高，夏日適合用來止渴解熱；若因天氣煩躁所引起的喉嚨痛痛，可吃甜瓜消熱解腫，對解酒及降血壓也有助益。

果菜類

選購要領

以9分半熟，果柄新鮮，色澤亮麗，網紋密，果形端正，有重量感，聞起來有濃郁香氣者為上選。

貯存要點

可在室溫下、通風乾燥處存放1～2天，也可以切片裝於保鮮盒冷藏。

資訊欄

提供該種蔬菜的選購方式及貯存要點，以便讀者瞭解蔬菜保鮮挑選的小技巧。

食療資訊

說明蔬菜本身所含的營養成分以及對於身體健康有何療效。

↑美濃瓜雄花。　↑美濃瓜雌花。

↑美濃瓜植株。

蔬菜的種類

日常生活中常見的農產品，哪些屬於我們常吃的蔬菜呢？要如何區分蔬菜或水果呢？其實我們稱為蔬菜的食用部位包含植物的根、莖、葉、花、果實及種子等，需質地幼嫩多汁、多肉，並以草本為主，因而凡可供人們生食、煮食或調味者，都屬於我們所泛稱的蔬菜。有些蔬菜因食用方式或地域使用方式不同，而造成分類上的差異，例如：草莓、西瓜或甜瓜我們一般將其當水果食用，但因栽培方式與蔬菜相似，所以將它們歸類為蔬菜類作物。

蔬菜的種類很多，為了方便大家認識蔬菜的差異以及如何分類，一般常見蔬菜依食用部位不同而分為以下幾類：

↑蘿蔔為根菜類蔬菜。

根菜類：主要食用部位為根，包括蘿蔔、胡蘿蔔、地瓜、牛蒡及豆薯等。

鱗莖類：地下部有膨大的鱗片狀儲藏莖，包括洋蔥、蔥、大蒜、韭菜。

↑蔥為鱗莖類蔬菜。

莖菜類：主要食用部位為莖（地上莖或地下莖），包括芋頭、馬鈴薯、薑、蓮藕、蘆筍、竹筍、茭白筍、嫩莖萵苣及山藥等。

↑薑為莖菜類蔬菜。

葉菜類：主要食用部位為葉片，包括小白菜、空心菜、莧菜、菠菜、甘藍、結球白菜、葉萵苣及茼蒿等。

↑結球白菜為葉菜類蔬菜。

花菜類：主要食用部位為花蕾或花苔，包括韭菜花、花椰菜、青花菜及金針花等。

↑ 花椰菜為花菜類蔬菜。

果菜類：主要食用部位為果實或種子，像是絲瓜、苦瓜、胡瓜、冬瓜、四季豆、豌豆、豇豆、番茄、甜椒及茄子等。

↑ 胡瓜為果菜類蔬菜。

野菜類：一般我們所通稱的野菜，是指自然生長於山野間，未經過人為刻意栽培照顧的食用植物，像是一般常見的野莧菜、龍葵及鴨兒芹等。

　　除了上述各類蔬菜外，另外，還有包含香菇、金針菇、杏鮑菇與木耳等食用蕈類，以及綠豆芽、黃豆芽、苜蓿芽與豌豆芽等芽菜類。

↑ 黑木耳。

↑ 鴨兒芹。

↑ 現今菇菌類的栽培生產以太空包為主。

↑ 豌豆芽又名豌豆嬰，其乃利用浸泡過水的豌豆，經發芽後被利用來作為蔬菜。

蔬菜的營養成分

　　蔬菜營養豐富，是一般人不可或缺的營養來源之一，蔬菜的功能甚多，可預防感冒，也可養顏美容，據相關研究報告顯示，部分蔬菜還有預防癌症的功能。許多綠色蔬菜含有豐富維生素C，蘆筍則含有葉酸，維生素A可預防或減低上皮細胞癌症的發生，所以我們應多多食用新鮮蔬菜，以增加身體免疫能力。

↑馬鈴薯含有碳水化合物、多種維生素、醣類、礦物質及胡蘿蔔素等。

　　蔬菜的營養特性包含提供人體最基本的各種代謝所需礦物質，例如鈣、鐵、鎂、鉀、磷等，其次，蔬菜含有豐富的維生素A、C、維生素B群及菸鹼酸等，而其豐富的膳食纖維除可促進人體腸胃蠕動，並可幫助腸胃消化及排便。由於蔬菜熱量低，且含大量水分及低醣類、蛋白質及脂肪等，因此可說是一項相當健康有益的食物。

蔬菜的栽培方式

　　由於社會發展及科技快速進步，蔬菜的生產方式也產生很大變革，逐漸由過去僅在住家附近少量多樣栽培的傳統農家，演變為大量專一栽培同性質蔬菜的專業區，收成後載運至批發市場統一運銷。在果菜市場統一批發銷售的好處為可以增加效率及運輸便利，在中部的雲林西螺果菜市場以及彰化溪湖果菜市場即為非常有名的蔬菜集散市場。

→菇類不僅熱量低，還含有大量纖維素及多種維生素。

↑蔬菜是與我們健康關係最密切的植物。

↑雲林西螺果菜市場為有名的蔬菜集散市場。

↑冬瓜含有豐富維生素A、B_1、B_2及C、有機酸、無機酸、礦物質、碳水化合物及蛋白質等。

蔬菜的農藥殘留問題一向是大家注意的焦點，以往傳統露地栽培無法遏止病蟲害的侵入，菜農為了讓蔬菜有較為漂亮的外觀，不得已必須使用噴灑大量農藥的方法以暫時遏阻病蟲害，自然會造成農藥殘留問題。近年來，國人對蔬果的要求已由外觀的漂亮慢慢轉而注重養生及有機，使得有機栽培已經成為農業的新主流，有關蔬菜的栽培不再是像過去只注重量的增產，而是進一步將生產品質作提升。

蔬菜的栽培方式一般可分為：

露地栽培

為最常見的一種方式，將作物種植田間，使作物受到大自然的洗禮，依自然環境所提供的溫度、水分及土壤的肥力等，再加上人工管理，作物自然成長。露地栽培必須依照當地的氣候及生長環境來種植不同的作物。

↑露地栽培（九層塔）。

設施栽培

臺灣的氣候在夏季時氣溫過高，不適合不耐高溫的作物生長，加上有颱風、暴風及暴雨的發生，因而我們可利用設施栽培達到周年都可生產蔬菜，例如：網室、塑膠溫室、玻璃溫室或塑膠布隧道等，都可提供蔬菜良好的生長環境。

↑設施栽培（隧道式種植）。

↑設施栽培（育苗網室）。

養液栽培

主要利用養液當成作物生長所需的養分及水分，以養液栽培植物，我們可用礫耕、岩棉耕、砂耕或是水耕方式來固著作物，一般可減少作物的病蟲害發生及連作障礙，並可縮短作物生育期，提升肥力的使用以及提高蔬菜的品質。

↑養液栽培（水耕栽培）。

　　葉菜類多喜歡冷涼的氣候環境，因而夏季在平地生產的蔬菜品質普遍不佳，病蟲害又猖獗。數十年前開始有農民到海拔1000公尺以上的高山種植蔬菜，由於高山日夜溫差大，對蔬菜的生育頗有利，品質相當優良，價格也相對提高。相對於溫帶果樹需要約5~6年時間才能看到成果，而高山蔬菜約一年時間即有收益，不少果農選擇放棄果樹而改種蔬菜，這也使得高冷地蔬菜的栽培已成為夏季蔬菜的重要來源。

↑ 清耕而土壤裸露的高冷地蔬菜田。

　　凡事有利必有弊，高山上土壤多貧瘠，農民為了增加營養，不惜施用大量雞糞等有機肥料來改良土壤，當蔬菜田清耕時土壤缺乏覆蓋，此時若遇到大雨沖刷，極易造成土壤流失及下游河道、水庫泥沙淤積，而含磷的肥料也順水流入水庫，使得水庫優養化，形成環境保育上問題。

　　為了改善「菜金菜土」狀況並降低自然災害，均衡生產季節，農業改良場等單位就栽培方式及採收後處理方式加以改良，輔導農民盡量多使用保護性的設施以隔絕病蟲害來減少農藥使用，或是使用冷水浴、碎冰或強風使蔬菜降溫以去除田間熱，減緩蔬菜老化，此舉不僅有利長途運輸，對於蔬菜的品質也都收到相當良好的成果。

↑ 豇豆採收後的碎冰降溫處理。

蕈類栽培方式：

段木栽培法：

常用在香菇的栽培上，可利用臺灣杜英、漆樹、楓及臺灣石櫟等樹種作為段木，作法是先在段木上打洞、接種、再封蠟，完成作業後將其置於遮陰且通風噴水的場所生長，目前在新竹南庄及南投山區都有零星栽培。由於段木取得不易，成本較高，已少有農民採用。

↑ 段木栽培植入菌絲。

太空包或塑膠瓶栽培法：

太空包栽培約發展於民國60年間，為舉世聞名的獨特栽培方式。日常生活中食用的香菇、木耳、秀珍菇、鮑魚菇及金針菇等都是利用太空包或塑膠瓶栽培，該種栽培方式成本較低，且管理容易。

↑ 利用太空包栽培的各種蕈類。

堆肥覆蓋栽培法：

常用於洋菇、草菇及巴西蘑菇等，堆肥可用稻草與消石灰、豆餅粉、雞糞、過磷酸鈣等原料製作及進行調配，再鋪設菇床，經殺菌冷卻後，再進行接種，待菌絲生長至全滿時，要加以覆土，並澆水誘導出菇，出菇後於菌膜未裂開前採收。

↑ 整齊排列於架子上的太空包，長出滿滿的黑木耳，正等待被採收。

↑ 堆肥覆蓋栽培法（洋菇）。

特殊的栽培管理技術

促成栽培：蔬菜促成栽培一般指的是以人為管理或增設相關設施栽培的方式
來達到提早採收的目的，促成栽培還包含產量的增加，品質的提
高，提早採收及減少病蟲害發生等等。

軟化栽培：軟化栽培則是改變蔬菜的生長環境，讓蔬菜生長在無光線的環境
中（即黑暗環境），此方式可破壞植物葉綠素的產生，使葉片質
地柔軟鮮脆等，例如：韭黃的生長是先將地上部切除，經過覆
蓋遮蔭不織布之後，再重新長成的韭菜，形成我們所吃的韭黃。
另外，市場的「碧玉筍」指的是將金針的地上部外葉切除，僅取
食中間的短縮莖部位，而「萱黃」是依韭黃的生產方式，將金針
植株的地上部齊地切除，並覆蓋不透光的資材，進行斷光軟化栽
培，讓金針於黑暗中重新生長，其纖維含量較少、質地脆嫩爽
口，而不像韭黃具有特殊辛辣味。

←韭黃軟化栽培。

有機栽培：有機栽培最主要就是避免使用化學肥料及化學農藥，而是施用有
機質肥料，利用非農藥的自然方式進行栽培及管理，若依使用資
材及方法可分為純有機栽培及準有機栽培。

　　一般來說，純有機栽培是完全不能使用化學農藥、肥料，以及有汙染的
有機資材等，在有機栽培上是屬於比較嚴格的方式，而準有機栽培只允許在
一定限定範圍內使用化學肥料或是低汙染毒性的農藥，而且作物不可殘留化
學農藥。有機栽培施肥以有機質肥料提供養分，其病蟲害防治則可利用輪作
或間作的栽培方式，或是生物性和物理性方式來進行防治，都可減少病蟲害
的發生。

　　臺灣地形狹長，因為南北溫度、氣候差異、區域性的不同，因而造成
不同的蔬菜特性，例如：宜蘭有名的溫泉空心菜，是利用當地的碳酸泉灌溉
種植，礁溪溫泉為弱鹼性，可中和土壤酸性，且提供豐富的礦物質及營養成
分，因此引用此泉水灌溉的空心菜經過熱炒或煮食，其顏色不易變黑，而成
為礁溪的名菜。目前還栽植有溫泉絲瓜、溫泉番茄及溫泉茭白筍等蔬菜。

　　宜蘭三星地區則以蔥蒜聞名，由於三星位於蘭陽溪上游，水質清澈，土
壤肥沃，有多雨等因素，因此三星蔥蔥白長，質地細緻青蔥味濃，深受大家
喜愛。而屏東縣的枋山、車城及恆春一帶主要是洋蔥產地，由於恆春地區有
落山風，因此該地所栽種出的洋蔥碩大味美，不僅廣受國內市場歡迎，更外
銷到日本。

蔬果・野菜圖鑑

蘿蔔 *Raphanus sativus*

科名：十字花科	英文名：Radish、Chinese radish
別名：菜頭、萊菔	原產地：中國

盛產季節： 1 2 3 4 5 6 7 8 9 10 11 12

↑ 蘿蔔適合在冷涼及日照充足的環境下生長。

　　提起根菜類蔬菜，第一個聯想到的一定是「蘿蔔」，由於它栽培容易，用途廣泛，因此成為非常大宗的經濟性家常蔬菜。

　　蘿蔔可生食、煮食、製成「菜脯」、醃漬成醬菜和黃蘿蔔，還可以製作「菜頭粿」等。您想想看，吃生魚片時，一旁的生蘿蔔絲可是萬萬不能或缺的配料呢！將蘿蔔切塊和肉骨熬湯，又是另一種滋味，記得小時候外婆家大拜拜，必定煮一大鍋鴨肉蘿蔔湯，湯裡的蘿蔔，滲入了油潤肉汁，滑軟清甜，那美好滋味歷經多年仍鮮明印記在腦海中。此外，滷牛肉裡頭的蘿蔔塊，也是令人垂涎三尺的佳餚；菜脯蛋、碗粿上頭淋的蔥頭菜脯醬汁、便當一角的醃漬黃蘿蔔，通通都是無法抹滅的記憶，而酸酸甜甜辣辣的醃漬蘿蔔小菜，也是一桌豐盛菜餚中的清新小品，簡單又討喜；「菜頭粿」除了是日常生活中不可缺少的滋味外，節慶時也是必備菜餚。日常生活當中很難再找出另外一種蔬菜能如此廣泛地被人利用了。

蘿蔔喜冷涼及日照充足的環境，生長適溫15~20℃，在臺灣適合於冬季生產。夏季則溫度過高，根部不易膨大，且多纖維而質地粗糙，又有辛辣苦味，品質極差，因此夏季時多在高冷地栽種。蘿蔔均採直播，不宜移植且要種植在砂壤土，不能種在黏質土，才不易發生歧根現象。8~12月適合播種，根開始肥大時要做培土作業，以維護品質。根肥大到一定大小後要趁嫩採收，以免老化後會有空心現象，影響品質。

形態特徵

蘿蔔株高約10~50公分，葉色淡綠或深綠色，因品種不同，葉形有羽狀裂葉、全緣或琵琶狀的葉片；花頂生，總狀花序，花色有白、淡紫、粉紅等色；角果內有赤褐色、扁平的種子；地下直根肥大，有長筒形、細長形、酒瓶形、球形等，皮色有白、紅、紫、綠等色，肉色變化亦豐富，有白、紅、紫、青綠等。

分布產地

現在中國、韓國、日本栽培甚多，臺灣以雲林、嘉義、彰化、臺南最多。

食療資訊

蘿蔔性涼、味甘，具有解毒、治燥熱頭痛、消腫、怯痰、利尿等效果，唯體質虛寒者不可多食。

選購要領

肉質細嫩，水分充足，外型均勻直立無畸根變形，中央無空心，表皮無損傷腐敗，葉柄新鮮者為佳。

貯存要點

以鮮食為主，不耐久藏，商業貯存在0℃，95%相對溼度可保存28天。

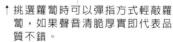

↑ 挑選蘿蔔時可以彈指方式輕敲蘿蔔，如果聲音清脆厚實即代表品質不錯。

↑ 蘿蔔的花與果實。

↑ 菜脯是利用鹽所加工出來的醃漬品。

豆薯

Pachyrrhizus erosus

科名：蝶形花科	英文名：Yam bean、Jicama
別名：涼薯、刈薯、割薯、葛薯	原產地：熱帶亞洲

盛產季節： 1 **2** 3 **4** 5 6 7 8 9 10 11 12

↑ 豆薯的外觀呈紡錘狀或扁圓形。

　　乳黃色的外皮，圓球狀拖個尖尖細長的尾巴，這個啊！很多人不認得它是何方神聖，其實它是屬於豆科（現在將之細分為蝶形花科）的塊根作物——豆薯。

　　豆薯要特別注意的是其種子、莖、葉含有劇毒，因此千萬別誤食。之前報載有數位民眾因食用豆薯種子煮成的甜湯，造成集體中毒事件，其中一位民眾因食用量較多（約半碗種子），而產生代謝性酸中毒症狀、意識不清、呼吸困難、口吐白沫、瞳孔放大、四肢冰冷等現象。

　　豆薯地下塊根呈紡錘狀或扁圓形帶條細長的根尾，富含蛋白質和澱粉，為供食用部分。其肉白質甜脆，可炒食、煮食醃漬或製粉，也常打碎加入各式丸子中調味，切片後像極白蘿蔔，在簡餐店的小火鍋材料或沙拉吧裡也常出現。

　　豆薯主要分布在亞洲熱帶區，臺灣中南部有零星栽培。生育適溫25~30℃，低於20℃以下生育不良。栽種時採用種子直播法，莖葉生長太旺盛時要摘心，花梗抽出時也要剪除，才能集中養分讓塊根更肥碩。

態特徵

　　豆薯的地上部位是草質的藤本，和豆類一樣會攀爬，全株有短毛，小葉三枚，頂生小葉呈菱形，側生小葉呈斜卵形；花冠紫色，總狀花序；開花後結莢，莢果扁平，被有絨毛；種子具有毒性，常有誤食中毒的報導。而主要食用的部位則是在地下部的肉質化塊根，形狀有紡錘形、圓錐形或扁球形，狀似陀螺，質地脆，具有甜味。

選購要領
塊根形狀完整，肉質柔嫩無擦傷者為佳。

貯存要點
耐貯存，冷藏可貯存半年以上。

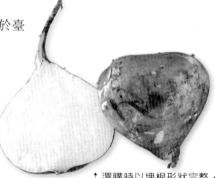

分布產地

　　臺灣由中國引進，主要栽培於臺南、高雄、屏東等縣。

食療資訊

　　具有豐富的澱粉、醣類及水分。豆薯性涼，可解熱止渴、消腫、解毒。種子有毒，可製輕瀉劑、驅蟲藥。

↑ 選購時以塊根形狀完整，肉質柔嫩無擦傷者為佳。

↑ 豆薯的塊根含有蛋白質、脂質、鈣、磷、鐵等豐富的營養素（豆薯的植株）。

↑ 豆薯果莢呈長扁狀，種子含有劇毒。

↑ 豆薯的花呈紫色，相當漂亮。

19

胡蘿蔔 *Daucus carota*

科名：繖形花科	英文名：Carrot
別名：紅菜頭、紅蘿蔔	原產地：阿富汗、歐洲溫帶地區

盛產季節： 1 2 3 4 5 6 7 8 9 10 11 12

↑ 胡蘿蔔適合生長在冷涼且日照充足的環境中，土壤則要深厚疏鬆者為佳。

胡蘿蔔含豐富的胡蘿蔔素，呈現亮眼的橙紅色，所以俗稱「紅蘿蔔」，但是它屬繖形花科，和十字花科的蘿蔔可不是親戚喔！胡蘿蔔食用部位是膨大的主根，為人體維生素A的重要來源，營養價值很高，且色彩鮮明，味道甜美，又耐貯存，是很重要的家常蔬菜。

胡蘿蔔可生食，在料理拼盤中也常被用來做切雕擺飾，還可炒食、煮食或加工製成冷凍罐裝蔬菜，甚至用來榨汁，加些鳳梨、柳丁、蜂蜜、牛奶，風味絕佳。

胡蘿蔔採直播栽培，種子發芽適溫18~25℃，生育適溫16~23℃。胡蘿蔔根的外形因品種不同，有較矮胖的圓柱形和較細長的圓錐形，但生長溫度也會影響根形，21℃以上的環境，根長得較矮胖，在16℃以下環境生長，根形則較細長。胡蘿蔔採直接播種種植，播種後約2個月，根愈見肥大，應施行培土作業來掩蓋根部頂端，以維護整根的粉嫩品質。播種後約100~120天可採收。以手握整叢的葉基部直接拉起即可。11~4月為產期，採收後貯放於0℃，相對溼度95~100%的冷藏庫，可貯放6個月之久，所以胡蘿蔔的供應可是全年無休喔！

形 態特徵

　　胡蘿蔔株高約25~40公分，葉為三回羽狀複葉，小葉細裂，淡綠或濃綠色，葉柄長；花頂生，複繖形花序，花小白色；果實為瘦果有毛；肥大的直根為主要食用部位，根形有圓錐形、紡錘形、圓筒形等，外皮為橙紅色或黃色。

分 布產地

　　臺灣以彰化、雲林、臺南栽培最多。

食 療資訊

　　β胡蘿蔔素、維生素A的含量為所有蔬果之冠。可增強視力、防止夜盲症，榨汁飲用有降血壓、美容之效。

選購要領

根部圓直不分歧，表皮顏色呈橙紅、光滑、無損傷腐爛者為佳。

貯存要點

胡蘿蔔耐貯存，低溫高溼為貯存要件，商業上於0℃，95~100%相對溼度下可貯存半年之久。

↑ 選購時以根部圓直無分歧，表皮光滑無損傷腐爛者為佳。

↑ 胡蘿蔔含有豐富的β（Beta）胡蘿蔔素，具有養肝明目的功效。

↑ 胡蘿蔔莖短縮，所以地上部看到的葉子好像直接由根上長出來，稱為根出葉，是一種葉柄長長的羽狀複葉。

牛蒡
Arctium lappa var. *edule*

科名：菊科	英文名：Edible burdock、Great burdock
別名：吳某、蒡翁菜	原產地：中國東北、西伯利亞和歐洲

盛產季節： 1 2 3 4 5 6 7 8 9 10 11 12

↑ 田間栽培的牛蒡。

　　牛蒡被認為是可使筋肉發達、增強體力的強壯食物，日本人普遍食用，是家常菜餚之一。臺灣在日治時期由日本引進栽種，過去生產的牛蒡多銷往日本，近20年來，由於大家開始注重健康和養生，才漸漸發現牛蒡的營養價值。

　　據科學分析證實，牛蒡含可溶性膳食纖維，可促進腸道蠕動，還含有「菊糖」等特殊成分，菊糖能促進腸道內益菌叢（乳酸菌和比福多菌）的生長，而且菊糖不能被人體消化吸收，所以可作為甜味取代劑，相當適合糖尿病患者食用。

　　牛蒡喜冷涼氣候，生育適溫20~25℃，栽培地區的土層宜深厚、疏鬆，由於直根不耐積水，因此排水需良好。播種適期為10月初，大面積專業栽培以「種子帶」播植（就是不織布帶每隔12公分有一粒牛蒡種子，每卷種子帶1000公尺長），省時省工又整齊。播種後約5~6個月可採收。合格品的根徑至少要1.2公分以上，長度超過60公分，特級品根徑則3~4公分粗，長度達80公分以上。

形態特徵

　　牛蒡是二年生草本植物，株高可達1.5公尺以上，葉互生，葉片大，葉面寬達50公分以上，甚粗硬，呈心臟形，葉背密生白色細毛，葉柄長，有縱溝；花為兩性花，淡紫色，平均每株著生120個頭狀花，總苞為針狀，易附著於衣服上，每個頭狀花序約含有70朵筒狀花；種子為長紡錘形，暗灰色；果實為瘦果，長橢圓形，灰褐色，冠毛短具有小齒脫落性鱗片；地下根長可達150公分左右，外皮粗，黃褐色，肉質灰白色，深受日本人喜愛，近年也廣受臺灣民眾喜愛並作為蔬菜用。

分布產地

　　由中國傳到日本栽培。臺灣主要栽培地區為雲林、嘉義、臺南。

食療資訊

　　牛蒡含有蛋白質、纖維素、鈣、磷、鉀、菊糖等營養素，具有增強免疫力、強壯補腎的功效。

選購要領

根部通直無分歧，表皮光滑無損傷，肉質幼嫩，水分充足不枯乾、無空心者為佳。

貯存要點

耐長期貯存，於2~5℃低溫下可貯存長達半年以上。

↑牛蒡甚耐貯藏，以紙包起來放置冰箱慢慢享用也沒關係。

↑牛蒡花。

↑牛蒡採收前需先用機械斬葉。

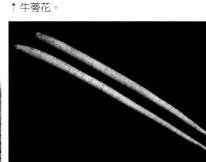
↑牛蒡具降血脂、消腫痛、明耳目等功效。

洋蔥
Allium cepa

科名：蔥科	英文名：Onion
別名：蔥頭、玉蔥	原產地：巴基斯坦、中亞至中國西北

盛產季節： 1 2 3 4 5 6 7 8 9 10 11 12

↑ 目前屏東的枋山、車城、恆春為洋蔥主要產區。

　　洋蔥是蔥科二年生草本植物，在臺灣多作一年生栽培。喜冷涼氣候忌酷暑。繁殖方式有三：即種子直播、育苗移植和仔球栽培法，臺灣多用育苗法栽種。地上部枯萎後採收蔥球，採收後置田間1~2天做癒傷處理，以增貯藏性。0℃，相對溼度70%左右可貯存半年，12~4月為產期，5~11月為貯藏品，全年都有得消費。

　　洋蔥具揮發性精油及特殊香氣，滋味特別，而且有很強的抗氧化能力，能消除自由基，有防癌、降低血壓、膽固醇、防止動脈硬化等作用，並可抑制細菌和真菌的生長，具抗發炎功能，使它成為世界性的蔬菜和調味聖品。

　　洋蔥原產中亞、地中海沿岸，栽培歷史超過4000年，臺灣在民國41年以前，洋蔥皆從日本進口，後由農政單位引入短日結球品種，經研究、改良栽培技術後推廣，在半世紀以後已能反銷回日本，目前在高雄的林園和屏東的枋山、車城、恆春為洋蔥主要產區。

形態特徵

洋蔥株高約25~35公分，葉基部肥大形成鱗莖，葉圓桶形，中空，先端漸尖；老株會開花，繖形花序，小花聚生成圓形，雪白色。基部肥大的鱗莖是我們的食用部位，形狀有圓形、橢圓形或扁圓形。洋蔥的鱗莖是由葉鞘基部肥大所形成多個肥厚的鱗片集合而成。

分布產地

臺灣產於彰化伸港、高雄林園、恆春半島等地。

食療資訊

富含維生素C、鉀、鈣、磷。具有蒜素等含硫化合物，可殺菌、增強免疫力、降血脂及促進胃腸蠕動，並可降低血液中膽固醇，預防高血壓及骨質流失等症狀。

選購要領

鱗莖表皮完整光滑，不裂、無出芽及腐爛、頂端無凹陷、緊實不鬆軟為佳。

貯存要點

用網袋或紙箱包裝，低溫0~2℃下可貯存3~6個月。

↑ 利用洋蔥熬煮湯頭不但可去除腥味，還可增加甜度。

↑ 洋蔥含多種揮發性芳香物質，並具有殺菌、解腥的效果。

↑ 洋蔥基部肥大的鱗莖是食用部位。

↑ 選購時以鱗片厚實，外型碩大、外層抱合緊密者為佳。

薤
Allium chinense

科名：蔥科

英文名：Rakkyo、Scallion

別名：蕎頭、蕗蕎

原產地：中國浙江、江蘇一帶

盛產季節：1 2 3 4 5 6 7 8 9 10 11 12

↑ 民間常取薤的莖頭來作醃漬物食用。

　　薤一般多稱為「蕗蕎」，原產中國中部和東部，亞洲地區栽培和消費較多，日本人喜愛食用，臺灣多為零星栽種，未有大面積專業栽培。薤屬於蔥科多年生宿根草本，但以二年生作物栽培模式生產。鮮食有些澀味，大多用於醃漬，醃後甜甜、酸酸、脆脆，融合薤特有的辛香氣味，嗜食者視之為醃漬一等珍餚。

　　薤喜冷涼氣候，生育適溫15~25℃，栽種在砂質土壤較適合小鱗莖的形成，日照應充足，排水需良好，薤雖然很耐旱，但為了產量和品質，適度的灌溉仍為必要。以小鱗莖分球繁殖，一般在10~11月天氣開始冷涼時種植，到次年天氣開始轉熱，地上部老化枯萎時，便可採收。

形態特徵

植株高僅30~50公分，葉細長柔軟，中空，葉橫切面三至五角形，整叢看起來柔細纖弱的樣子。地下鱗莖卵形或紡錘形，光滑潔白，是主要食用部位，切開時同樣會令人淚眼婆娑。

分布產地

臺灣以雲林古坑栽培面積最大，中海拔地區的宜蘭、大溪、苗栗、臺南等地都有零星種植。

食療資訊

屬於溫補蔬菜，鱗莖可炒食、醋浸、鹽醃，用途甚廣，可治夜間盜汗、除寒熱、去水氣。肝火旺盛者不宜多食。

（選購要領）
鱗莖飽滿，纖維幼嫩，潔白沒有黑斑者為佳。

（貯存要點）
採收的鱗莖有1~5個月休眠期，置通風陰涼處可貯放數月。

↑ 將薤醃漬或切碎煎蛋都是一般常見的料理方式。

↑ 花苞。

蔥
Allium fistulosum

科名：蔥科	英文名：Green onion、Bunching onion、Welsh onion
別名：青蔥、大蔥、葉蔥	原產地：中國西北

盛產季節： 1 2 3 4 5 6 7 8 9 10 11 12

↑ 蔥不耐積水，因此要選擇排水良好地區栽種。

　　蔥雖然沒有拿來快炒整盤食用，但它可是中國菜的三大調味菜之一，家家必備，天天必用，消耗量不小。蔥原產中國西北，栽培已有3000年以上歷史，可採收利用的時間範圍很廣，從4~5葉以上的蔥苗一直到抽苔前均可採收食用，再加上交替利用較耐熱品種的栽植，能周年不斷供應。臺灣早年由中國移民引入栽培，全臺皆有零星栽種，目前以雲林栽培最廣，宜蘭次之，三星鄉產的尤負盛名。

　　蔥大多鮮用，日常調理魚、蝦、肉時是不可或缺的食材，而味噌湯、蛋花湯上也是少不了蔥花的角色。至於另類加工料理第一個就想到簡單、便宜又香噴噴的「蔥油餅」。在下午4點多時刻，路邊飄來陣陣蔥油餅的香氣，此刻正值飢腸轆轆的學生們放學，雙腳可是會不聽使喚的被吸引過去。

　　蔥喜冷涼，中南部在秋、冬、春生產，夏季則栽於北部宜蘭等地，或栽種較耐溼、耐熱的「北蔥」品種。蔥可用播種或分株繁殖，不耐積水，要選擇排水良好地區栽種，需肥量高，施用足夠的氮肥、鉀肥則可提高假莖品質。

形態特徵

　　蔥為單子葉草本植物，葉長圓筒形，中空，內有透明黏液，葉表覆有蠟粉，綠葉部分含有較多的維生素A和維生素C，葉基部稱為葉鞘，層層疊套的葉鞘組成假莖，就是「蔥白」的部分。

分布產地

　　臺灣以雲林最多，其次為彰化、宜蘭、高雄。

食療資訊

　　含有揮發性精油，具特殊辛辣味，有去腥、散寒、疏通經脈、清血的作用。然素食者忌食。

選購要領

全株結實不枯軟，蔥白潔白粗長，葉子無腐爛水傷，纖維細嫩者為佳。

貯存要點

以鮮食為主，採收後應盡速食用。以報紙包好放冰箱，可貯存3週以上。

↑ 選購時以蔥白潔白粗長，葉子無腐爛水傷為佳。

↑ 蔥的花呈繖形花序，球形。

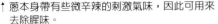

↑ 蔥本身帶有些微辛辣味的刺激氣味，因此可用來去除腥味。

↑ 蔥為單子葉草本植物，葉長圓筒形，中空。

大蒜
Allium sativum

科名：蔥科　　　　　　　　　英文名：Garlic

別名：蒜仔、葫　　　　　　　原產地：中國西北

盛產季節：1 2 3 4 5 6 7 8 9 10 11 12

↑ 大蒜植株。

　　大蒜和蔥、薑始終是廚房中不可或缺的調味聖品。醬油膏裡要加蒜末，沾白斬肉、萬巒豬腳才夠味，吃香腸一定要有蒜來配，鴨賞也少不了青蒜的陪伴，幾乎所有海鮮、肉類都可用大蒜來除腥加味。大蒜除了做配角當調味菜之外，還可以加工製成蒜油精、蒜粉、蒜鹽和醃漬品等等。

　　大蒜栽培時間約3個月，葉綠色，葉基偽莖白色時採收利用，稱為「青蒜」，栽培至5、6個月時，葉基部內的鱗芽積存養分肥大成蒜瓣，此時地上部枯萎即可採收其鱗莖，是為「蒜頭」。抽出的細長花梗，在頂端花苞未開放之前採收供食用的稱為「蒜苔」，也有人讓蒜瓣萌芽時不見光，使之長成「蒜黃」來食用。

　　大蒜原產中亞，相傳漢朝張騫出使西域時引入栽種，臺灣在300多年前由中國引來栽培，因氣候關係，產區主要集中在雲林、嘉義、臺南和彰化，尤以雲林生產最多。

形態特徵

　　大蒜屬蔥科一、二年生單子葉草本植物，很多人蔥蒜不分，其實蔥和蒜很好區別，蔥的葉子圓形中空，蒜葉則扁平狹長。蒜以蒜瓣繁殖，生長適溫18~25℃，要注意水分的管理。

分布產地

　　原產中亞，青蒜、蒜苔主要產於臺南。蒜頭集中於雲林、嘉義、臺南。

食療資訊

　　大蒜含許多特殊成分，不僅能增加食物的口感風味，還有醫療、強力殺菌等作用，並具防癌、降低膽固醇含量、降血壓、消炎、止瀉等功用。

選購要領

青蒜以葉片完整，未有枯黃、缺損，蒜白色澤潔白，鱗莖基部尚未形成球狀為佳。蒜頭以蒜瓣潔白完整，結實堅硬無蟲咬為佳。

貯存要點

買回家的青蒜若要貯存，以報紙包好放入冰箱，可保鮮3周以上，若放在塑膠袋中冷藏，則葉子易腐爛。蒜頭貯存則宜用網袋裝好置於通風蔭涼處，若放密閉的塑膠袋中貯藏，易發霉腐壞。

←青蒜的選購以葉片完整，蒜白色澤潔白為佳。

↑ 市場上待售的蒜瓣。

↑ 蒜苔。

↑ 從葉子即可分辨蔥（上）和蒜的不同。

↑ 蒜頭和青蒜（下）。

韭菜
Allium tuberosum

科名：蔥科　　　　　　　　　英文名：Chinese leekd
別名：起陽菜、壯陽菜、扁菜　　原產地：中國
盛產季節： 1 2 3 4 5 6 7 8 9 10 11 12

↑ 韭菜具有多量纖維素，多食可促進食慾幫助消化。

　　2000多年前中國即有栽培韭菜紀錄。臺灣早期由閩南移民帶入，現在臺灣的栽培面積廣達500公頃，是全年都可吃到的重要蔬菜。韭菜性喜溫暖，耐高溫，臺灣一年四季都適合栽培，但若光照太強，會增加纖維含量，降低品質。

　　韭菜最常食用的部位是葉子及花苔，另外還有食用根部的品種。葉用韭菜以食用新鮮的葉片及葉鞘部分，除了青韭外，比較特別的是常用軟化栽培使葉片缺乏葉綠素，抽長並呈現金黃色，稱為「韭黃」或「白韭菜」。以往是用竹筒或紙箱、草席來遮光，現專業栽培都使用隧道式遮光，其方法是栽培期間用竹架或鐵架在畦面上搭成隧道，覆蓋遮光的塑膠布，夏天約3周即可打開塑膠布採收，冬季則約需要40天。

　　韭菜原為長日照植物，日照要長於16小時才能發芽分化，臺灣本來在夏季才開花，後於民國40年，彰化縣永靖鄉發現對日長不敏感的變異株，經選拔育種後育成四季皆可抽苔開花的品種，稱為「年花韭菜」，其主要食用部位為自葉腋抽出的花苔，尚在嫩綠花苞未開放前採收。

　　韭菜的食用方法非常多樣，可以炒食、煮湯、油炸。韭菜可溫補，具微刺激性，有促進血液循環、增強精力的功效。

形態特徵

韭菜屬於多年生草本植物，植株高度約20~30公分，具地下鱗莖，分蘗力很強。葉子簇生，每株約5~9片，扁平狹長；花為頂生繖形花序，花雪白細小；果實為蒴果；種子成熟後為黑色。

分布產地

臺灣普遍栽培於桃園大溪、彰化二林、埤頭、花蓮吉安等地區。

食療資訊

韭菜補虛益陽，又稱「起陽菜」，與蔥、蒜皆具有揮發硫化精油成分，有刺激性辛香味，民間認為是強精、壯陽的蔬菜，有興奮、促進胃腸蠕動、減少脂肪堆積等功用。由於有壯陽效果，素食者不宜食用。種子藥用，治跌打損傷。

↑ 韭菜花苔。

↑ 韭菜在重陽節前後會開白色小花。

↑ 現今的韭黃生產都利用隧道式遮光。

↑ 本草綱目上記載：「正月蔥、二月韭」，表示二月生產的韭菜正是最營養的時刻。

蓮藕 *Nelumbo nucifera*

科名：睡蓮科	英文名：Lotus root、East indian lotus
別名：藕	原產地：印度

盛產季節： 1 2 3 4 5 6 7 8 9 10 11 12

↑ 蓮田。

　　臺灣在日治時期引入蓮花種植，蓮又稱荷，是水生蔬菜中經濟價值較高的種類，它一身都是寶，蓮花、蓮葉、蓮子、蓮心、蓮蓬、蓮藕均能利用。立秋過後，蓮藕盛產，欣賞完美麗的蓮花，接下來就是品嚐蓮藕的季節，而它的營養價值自古以來早被養生人士們所推崇。

　　蓮的品種依用途不同，可分成子蓮（採收蓮子）、藕蓮（採收蓮藕）和花蓮（觀賞花）三類。臺灣常見的品系主要有二，一為廣東白花種，這是專供採藕的品種，俗稱「菜蓮」。另一為日治時期由日本引進的紅花種，栽種較普遍，可採收蓮子也可掘藕，是子、藕兼用品種。

　　蓮喜高溫多溼、日照充足的生長環境，在秋冬季葉片會枯萎凋落進入休眠期。花謝後約3周開始採收蓮子，7~9月為蓮子盛產期，到了12~1月採收蓮藕。若是專門採藕的藕蓮，約8月初開始掘藕，可貯藏於田中，依需要陸續挖掘，收穫可達半年之久。

　　目前市售的蓮藕粉有許多是摻入了其他澱粉類，若發現其顏色偏紫紅、粉紅，表示摻有雜質，宜慎選。蓮藕可涼拌生食、煮食、糖漬蜜餞或製成蓮藕粉等，用途極廣。喜愛蓮藕的人士也努力開發新吃法，如綠豆蓮藕、蓮藕粥、鮮藕汁、桂花蜜藕等等，有別於傳統的吃法。

形態特徵

蓮花是多年生宿根性水生植物，地下根莖稱為「蓮藕」，橫走在泥土中，根莖上有節，環生鬚根，各節有葉芽，由葉腋長出花芽。成熟後根莖粗大，有3~4節，長約60~100公分。

分布產地

產地集中在中南部的臺南、嘉義，其中又以臺南白河的蓮藕最為有名。

食療資訊

蓮藕富含澱粉、纖維素、維生素及礦物質。生食性寒，具清熱止渴、涼血之效。煮熟後轉溫燥，能滋補生肌，健胃養脾，相當適合老人及病癒調養之用。

↑ 蓮花的構造由外向內依次有花瓣、雄蕊群、花托及藏於其中的雌蕊群。

↑ 蓮藕的選購以節粗長，切面孔大而中空，表面光滑帶粉紅色為佳。

↑ 蓮蓬內有蓮子。

↑ 市場選購新鮮蓮子，以整粒完整未破裂，已去除蓮心，無異味，顏色潔白為佳。

球莖甘藍 *Brassica oleracea* cv.*Gongylodes group*

科名：十字花科	英文名：Kohlrabi
別名：結頭菜	原產地：北歐

盛產季節：1 2 3 4 5 6 7 8 9 10 11 12

↑ 球莖甘藍生長快速，種植後約55~65天即可採收。

　　球莖甘藍在18世紀傳入中國，臺灣在日治時代由日本引入，因為是由甘藍變種而來，所以在種子和小苗時期，與甘藍、花椰菜不易分辨。有生長快速的特性，栽種後約2個月即可採收，盛產期的球莖甘藍品質優良、價格低廉，可多食用。

　　球莖甘藍性喜冷涼氣候，可抵抗霜害，發芽適溫為15~28℃，生育與結球期在10~20℃最適合。農民會在冬季二期稻作收穫後進行栽培，栽種時日照和光線要充足，對土壤的選擇不甚嚴格，一般以排水良好、灌溉方便、有機質豐富的壤土最適合。栽培期間若溫度超過30℃則肉質容易纖維化，球莖的品質也不理想。

　　一般常吃的方式有炒食或煮湯，也可以趁著球莖未木質化時，做成質地清脆的涼拌小菜，頗為爽口。如果您常逛菜市場，相信您一定見過稱為「荷蘭種」的特大號球莖甘藍品種，建議您不妨買回家吃看看，真的是肉質甜美又細緻喔！

形態特徵

　　球莖甘藍株高約30~60公分，全株光滑無毛，有蠟粉；葉片卵形，光滑，有白粉，葉緣有明顯缺刻；花黃白色；種子小，球形。莖短，離地面1~4公分處開始膨大，而成為球形的肉質球莖，外皮通常呈淡綠色、綠色或紫色，裡面為白色。

分布產地

　　臺灣各地皆有栽培，集中在彰化、雲林、嘉義、臺南、高雄、屏東等地生產。

食療資訊

　　球莖甘藍的維生素C為所有蔬菜之冠，亦含高量磷、鉀，能預防壞血病、牙齦出血，增強免疫力。維生素C易為高溫破壞，最好以涼拌生食來保存營養。

選購要領

食用的莖部新鮮翠綠且帶有白粉，莖球未裂開，不具粗纖維，殘留的葉柄無枯黃褐化為佳。

貯存要點

直接貯存於室內陰涼處，約可保存2周以上，也可加工製作醬菜長期保存。

↓ 大面積栽培的球莖甘藍。

↑ 肥大呈扁球狀的莖部為主要食用部位。

馬鈴薯 *Solamum tuberosum*

科名：茄科	英文名：Potato、Irish potato
別名：洋芋	原產地：南美秘魯及玻利維亞的安地斯山區

盛產季節： 1 2 3 4 5 6 7 8 9 10 11 12

↑ 馬鈴薯田間栽培。

　　馬鈴薯栽培已有8000年以上歷史，目前是世界排名第四大作物，為歐美地區非常重要的糧食、蔬菜。臺灣由荷蘭人引入栽培，因氣候關係，栽培不是很普遍。

　　馬鈴薯喜冷涼氣候，生長適溫為20~30℃，薯球發育適溫為15~20℃，短日照有助於結薯。馬鈴薯以往採用種薯切片繁殖，然此法易累積病毒造成品種退化，產量和品質低下，後來由新社種苗改良場以組織培養法生產無病毒苗，再採用原原種、原種及採種圃三級繁殖制度而成功提供健康的種苗。

　　馬鈴薯為冬季作物，待地上部枯萎時即可採收，挖出塊莖後要先做「癒傷處理」，使薯皮木栓化較有利於貯藏。

　　馬鈴薯熱量低於米飯，可當主食，不易發胖，但在臺灣它並不是作為主食，而是作為蔬菜利用，最常見的食用方法大概就是加入咖哩雞中烹煮，要不就是切丁和胡蘿蔔丁、玉米粒及毛豆煮成一盤色彩繽紛的菜餚上桌。

形態特徵

馬鈴薯株高約40~80公分，地下塊莖呈圓或橢圓形，有芽眼，外皮有紅、黃、白或紫色；地上莖呈棱形，有毛；葉互生，羽狀複葉；聚繖花序，頂生，花有白、紅或紫色。

分布產地

在臺中、雲林、嘉義有零星栽培，以雲林斗南為最大產地。

食療資訊

含高量蛋白質、澱粉、維生素，能促進腸胃蠕動、預防便秘、消化不良等功效。

選購要領

塊莖完整無裂痕，表皮光滑，無綠色，無發芽，肉質緊實無腐爛。

貯存要點

置於冷藏室2~5℃，可長期貯存。

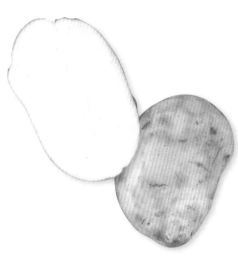

↑ 馬鈴薯富含維生素C，可預防壞血病的發生。

↑ 馬鈴薯的花。

↑ 馬鈴薯種植過程。

↑ 馬鈴薯塊莖上的芽眼萌生之後，有毒素累積在此，應避免食用。

嫩莖萵苣

Lactuca sativa var. *asparagina*

科名：菊科

別名：萵仔菜心、莖用萵苣

盛產季節： 1 2 3 4 5 **6 7 8** 9 10 11 12

英文名：Asparagus lettuce、Stem lettuce

原產地：中國

↑ 嫩莖萵苣的莖部特別肥大。

　　嫩莖萵苣是臺灣自中國引進栽培，因生性強健，喜冷涼、日照充足的環境，適合在冬季栽培，尤以中南部栽培面積最大。秋季溫度降到15~20℃時為發芽適溫，在27℃以上的溫度萌芽不易。生育適溫為16~20℃，在日夜溫差大的環境下，莖內貯存養分較多，較有甜味，品質最佳。

　　栽培期間水分的管理很重要，苗期要保持溼潤，嫩莖肥大前水分要減少，使植株發育充實，嫩莖快速肥大期則充分給水，至採收前除給水減少外並注意要均勻，勿驟溼驟乾以避免發生裂莖現象。定植後約45~60天，莖高45公分左右即可收穫，太晚採收容易老化及空心。

　　嫩莖萵苣是萵苣類大家族裡唯一的莖用品種，食用部位為去皮的肉質莖，除可涼拌、炒食外，亦可加工製成「小菜心」。小時候常看到農民在田埂旁種植幾排，隨著莖節往上生長，可從下位葉分次採食嫩葉或餵食家裡飼養的鵝等家禽，等到嫩莖成熟又可採收食用，真是一舉數得。

形態特徵

　　嫩莖萵苣株高約50~80公分，葉全緣或缺刻，莖直立，有白色乳汁；莖直立肥大，表皮有綠、淡綠及紫紅色，莖肉綠色；花黃色。

分布產地

　　臺灣各地普遍栽培，以雲林為最大產地。

食療資訊

　　性涼、味苦、熱量極低，富含鉀、鎂、鋅等礦物質，常吃能降低膽固醇、預防高血脂。

↑ 嫩莖萵苣的花為黃色。

選購要領

皮薄帶綠色，肉質清脆細嫩，無空心、裂痕者為佳。

貯存要點

未去皮者可用保鮮膜包裹，置於冷藏室可貯存約20天，也可加工製作萵苣筍長期保存。

↑ 嫩莖萵苣的葉呈長橢圓形至長披針形，葉柄短，有白色乳汁。

↑ 嫩莖萵苣本身具有特殊味道，因此少有蟲害。

蘆筍
Asparagus officinalis

科名：百合科　　　　　　　英文名：Asparagus
別名：石刁柏　　　　　　　原產地：地中海沿岸溫暖地區
盛產季節：1 2 3 4 5 6 7 8 9 10 11 12

↑蘆筍主莖上會長出許多細長柔軟的枝條，稱為「擬葉」。

↑蘆筍

　　蘆筍最早為羅馬人開始栽培，臺灣在1959年自美國引入，早年陸續引進許多不同品種試種，後來開創留母莖栽培法。蘆筍性喜冷涼氣候，目前以採收綠蘆筍為主，主要為供應國內生鮮市場，為高經濟作物之一。

　　蘆筍耐寒也耐熱，在15~35℃範圍內可生長，但生長適溫為25~30℃，嫩莖形成時以15~20℃品質和產量較佳。耐旱力雖強，但萌發嫩莖時，仍需供給充足的水分，才能維持品質。排水、日照需良好，栽培土質以深厚的砂質壤土最為合適，以採收白蘆筍為主的栽培要進行培土作業，品質才會好。

　　民國56年間開始種植蘆筍供作加工製罐，開啟了蘆筍王國的聲譽，在民國60年代，與鳳梨、洋菇罐頭並列為外銷三大主力，為國家賺進巨額外匯，也為國家產業升級貢獻很大。

　　蘆筍味道鮮美，食用方式相當多元，是一種健康無負擔的蔬菜。可涼拌沙拉、炒海鮮、炒肉絲、煮排骨湯或做蔬菜捲，甚至加工製成蘆筍汁。

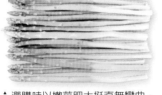

形態特徵

　　蘆筍是多年生宿根性植物，株高約60~100公分，雌雄異株偶有發現兩性株，以雄株之嫩莖產量較高；主莖上會長出許多細長柔軟的枝條，稱為「擬葉」，因為看起來像葉子，且會進行光合作用，也是累積養分的主要部位。不過在植物學上擬葉是枝條不是葉，真正的葉為莖上各節著生的三角形薄膜狀物，稱為「鱗葉」，咖啡色，已無葉之功能；食用部位是由地下莖上所抽生出來的嫩莖，嫩莖未突出土面以前就挖取採收的便是「白蘆筍」，若等嫩莖伸出土面，經陽光照射變成綠色再採收，即是「綠蘆筍」。

分布產地

　　彰化、雲林兩縣為主要產地，亦有從國外進口者。

食療資訊

↑ 選購時以嫩莖肥大挺直無彎曲，肉質脆嫩纖維質少者為佳。

　　蘆筍性寒、味甘。含多種特殊營養，如天門冬醯胺酸能促進能量代謝，解除疲勞，所含葉酸及鐵質有防止貧血和心血管疾病功能。

選購要領

嫩莖潔白或翠綠，肥大挺直無彎曲，肉質脆嫩纖維質少，嫩莖頂端鱗片密集者。

貯存要點

蘆筍以鮮食為佳，不宜久放，以塑膠袋保存放於冷藏庫約可貯存一周。

↑ 我們食用蘆筍的部位即是由地下莖上所抽生出來的嫩莖。

↑ 蘆筍枝條。

山藥 *Dioscorea* spp.

科名：薯蕷科　　　　　　　　英文名：Yam、Chinese yam
別名：薯蕷、長薯　　　　　　原產地：中國、日本、臺灣、南洋
盛產季節： 1 2 3 4 5 6 7 8 9 10 11 12

↑ 山藥葉片為單葉互生，呈心形或卵狀心形。

　　山藥栽培歷史有2000年以上，其地下塊莖富含澱粉且耐貯存，因此世界各地有許多居民將之當成主食。若把山藥切片後乾燥，即為中藥材裡赫赫有名的「淮山」，也是四神湯中不可缺少的藥材之一。有些品種在葉腋處容易形成小塊莖，稱為「零餘子」，零餘子有食用、繁殖用及外傷敷藥等用途。

　　山藥的栽培品種甚多，已超過50種以上。在臺灣中部地區，以往多栽種塊狀紫肉品種，當地人稱之為「紅薯」，一般多用於煎餅，經濟價值不高，近年風行有機健康食品，從日本引進肉色乳白或白色種，肉質較細嫩，口感較佳的長條形品種，經濟價值較高，栽培面積也就逐年擴大。

　　山藥可生食、炒食、煮湯、煎餅或製成中藥材。生食黏滑爽脆可口，沾些蜂蜜、沙拉或其他醬料，保健又美味；煮熟後口感鬆軟，入口即化，適合老人和小孩食用。

　　山藥種植以塊莖繁殖為多，長形山藥可長達1公尺以上，為形狀美觀及採收方便，花蓮區改良場研究推廣，建立塑膠管誘導栽培法，即利用每支約120公分的半圓形塑膠管，橫向埋入土中，種薯催芽後種於塑膠管前端，使之順著管子直直生長。在收穫時甚為方便省工，薯條外觀平直光滑，且不易受損，可提高商品價值及延長貯藏期限。

形態特徵

　　山藥為單子葉蔓性多年生植物，地下有球形或圓筒形的塊莖，塊莖表皮黑褐色或深紅色，密生鬚根；莖四角形或多角形，單葉互生，葉心臟形，主脈弧形為薯蕷屬的特性，葉腋間常生有珠芽（零餘子）；雌雄異株，小花乳白色；蒴果。

分布產地

　　目前在臺北、桃園、南投、嘉義、臺東、花蓮等縣有零星栽培。

食療資訊

　　含高量澱粉、黏蛋白、皂苷，可滋補強壯、健脾胃、增強免疫力，抗衰老的功效，中藥稱「淮山」，然因具收斂作用，因此有便秘症狀者不宜多食。

選購要領

塊莖完整無缺損裂痕，表皮完整無腐壞、蛀孔，肉質細嫩者為佳。

貯存要點

塊莖可直接放置於陰涼乾燥處貯存，溫度為10～12.5℃，相對溼度50～60%，可貯存約半年。若低於10℃會產生冷害而腐爛。

↑ 選購山藥時可觸摸它的切面，表面感覺愈黏的表示黏度較高，功效也較佳。

↑ 零餘子可食用或繁殖用。

↑ 山藥田。

↑ 日本山藥。

荸薺
Eleocharis plantaginea

科名：莎草科　　　　　　　英文名：Water chestnut
別名：馬薯、馬蹄、烏芋、水栗　原產地：東印度、中國、斐濟等地的沼澤地帶
盛產季節：1 2 3 4 5 6 7 8 9 10 11 12

荸薺在鄭成功時代引入臺灣栽種，60年代曾進行推廣並大量製罐外銷到歐美等地，如今盛況早已不再，僅存少量零星栽培，或從對岸進口以供市場消費。

荸薺的植株形態和一般印象中的蔬菜有很大不同，它在淺水中生長，伸出水面的是一根根細長中空的葉狀莖，由這個莖進行光合作用以累積養分貯於地下球莖，成為我們採摘食用的部位。荸薺的球莖外皮紅黑色，削皮後內為白色，不論生食或煮熟，都能保持脆脆的口感，是蔬菜中相當特殊的材料，常被作為油飯、魚丸、甜不辣等食物中的配料，也可以加工製成澱粉。

臺灣栽種的荸薺於11月下旬前後可採收，通常與水稻輪

↑ 荸薺為水生植物的一種。

作，栽培期間田間隨時保持淺水，不能缺水乾涸，直到採收時才能排水放乾。

荸薺甚耐貯存，收成後以清潔溼潤的河砂層層堆疊置陰涼處，便可貯藏2~3個月左右，目前以5℃冷藏庫，相對溼度90%的環境貯藏，可貯藏一年之久，因此市面上隨時都有荸薺可供選購。

荸薺球莖不大，拿在手上削皮不太順手，為了方便消費者，市面上看到的大多是已削好外皮的白色荸薺，然而削皮後荸薺容易失水和變色，因此建議您可選購帶皮的荸薺回家自己處理，除了可保持新鮮度外，養分也不易流失。

形態特徵

荸薺是多年生水生植物，株高60～80公分；葉狀莖圓柱形，叢生，中空，姿態優雅；葉片退化，葉鞘薄膜狀；穗狀花序；地下的分蘗莖會長出葉狀莖，結球莖末端膨大成扁球形，黑褐色，就是食用的荸薺。

分布產地

目前在彰化、雲林、嘉義、臺南等地有零星栽培。

食療資訊

荸薺性寒、味甘，富含蛋白質、澱粉、礦物質，久煮不爛，有清涼利尿，促進消化的功用。

選購要領

購買時未削皮者，以肉質鮮脆，無軟腐裂球者為佳；已削皮者以肉白為主。

貯存要點

收穫後剝去附著在表皮上的泥土，常溫下可貯存半年以上，但貯存前忌用水洗滌，否則易腐爛。已削皮者宜盡速食用。

↑ 未去皮的荸薺較易保存。

↑ 已削去外皮待售的荸薺（白）及採收後未削皮者（黑）。

↑ 荸薺的花穗。

芋頭

Colocasia esculenta

科名：天南星科	英文名：Taro、Cocoyam、Dasheen
別名：芋荷、芋	原產地：印度和中國華南地區

盛產季節：`1` `2` `3` `4` `5` `6` `7` `8` `9` `10` `11` `12`

↑ 蘭嶼芋頭田。

　　芋頭原產熱帶多雨地區，性喜高溫多溼，生長適溫約在25~32℃之間。芋頭按栽培方式可分成水芋和旱芋，依生產目的可分成母芋用、子芋用和葉柄用品種。母芋用品種植株較高壯、葉寬闊，母芋肥大，分球性弱，肉質較鬆軟、香味濃，代表性品種則是檳榔心芋。子芋用品種，植株稍小，母芋較小，分球性強，故子芋量多但小，然肉質細，較黏質，代表性品種為烏播芋。

　　芋頭的料理方式多樣，可搗成泥狀製成各式加工食品，例如夏威夷原住民就將其蒸熟後搗成糊，再發酵成具酸味的「Poi」，也是當地頗具特色的食物。

　　芋頭質地鬆軟、芳香可口，相信您一定吃過或聽過赫赫有名的甲仙芋餅、九份芋圓、草湖的芋仔冰、或是大甲的芋頭酥等名產，另外，還有香氣濃郁、令人回味無窮的芋丸、芋粿等等。除了球莖利用性相當廣泛之外，葉柄俗稱「芋橫」，也可炒食、煮食或製成芋橫粿，風味獨特。

　　有聽過削芋頭皮而手會出現奇癢難耐的經驗吧！這是由於芋頭細胞中含有「草酸鈣」的針狀結晶，因而會導致過敏反應。建議怕癢的人可先將芋頭洗淨後放入水中煮滾，接著撈起並以冷水冷卻後再來去皮，就不會有「手癢」的感覺了。

形態特徵

芋頭是多生草本植物,株高可達2公尺;葉簇生莖頂,似荷葉,葉柄有紫色或綠色;地下球莖有卵圓形或長橢圓形,外皮褐色,有纖毛,肉白色帶有紅色條紋並有黏液。

分布產地

產地以臺中、苗栗、屏東、高雄、花蓮、臺東等地區為主。

食療資訊

球莖含大量澱粉、礦物質、磷、鈣、鐵、維生素A、C。可補氣益腎、寬腸通便,為天然無汙染的健康食品,相當適合老人及胃弱者食用。

選購要領

球莖表面乾燥無裂痕,環紋明顯,無蛀孔及腐爛者為佳。

貯存要點

可直接放置於陰涼處,隨品種不同可貯藏2～3周,不過重量會漸漸減輕。

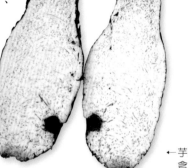

←芋頭的塊莖肥大,含大量澱粉質。

↑芋頭的葉片呈短箭形。

↑選購時以球莖表面乾燥無裂痕,環紋明顯,無蛀孔及腐爛者為佳。

↑芋頭球莖含大量澱粉,又耐貯藏,因而許多原住民將其當成主食。

薑

Zingiber officinale

科名：蘘荷科	英文名：Ginger
別名：薑仔	原產地：亞洲東南部

盛產季節： 1 2 3 4 5 6 7 8 9 10 11 12

↑薑田。

　　薑是由中國、南洋引入臺灣栽培，是我們日常生活中非常普遍的辛香類蔬菜。薑因為採收期的不同，成熟度有異，而可分為幼嫩的「嫩薑」（約在5月採收），半成熟的「薑」和老熟的「老薑」或「薑母」（約在冬至時採收）。

　　薑喜溫暖溼潤氣候，生育適溫23~28℃，15℃以下生育停滯，10℃以下甚至會受寒枯死。喜日照，但也耐蔭，因此可與其他作物間作，或利用果園樹下的土地栽植。

　　薑非常忌連作，收穫後在原地種植薑者，病蟲害極為嚴重，因此需和鳳梨、山藥輪作後才能再種植。生產嫩薑者，土質以富含有機質、保水力佳的壤土為適，在1~3月間種植，尤以立春前後最好。生產老薑者，則以日照充足，乾燥的砂質土較理想，才能使根莖水分少、辛辣味強而耐貯存。

　　薑含獨特的辛辣味香氣，是調味聖品，不論是烹煮麻油雞、薑母鴨、滷羊肉，還是快炒海鮮絕對少不了它。嫩薑可醃漬成糖醋薑片，風味獨特，此外，也可將薑乾燥後製成薑粉、薑糖、薑餅等，而淋雨受風寒的人來上一碗熱騰騰的薑母茶，也可去除寒意。

形態特徵

　　薑是多年生草本植物，株高約60~90公分；葉互生，濃綠色，長披針形；地上部的假莖是由葉鞘聚集而成，不是真的莖；根莖位於地下部，膨大成為我們食用的主要部位，其上有芽，可向上萌發長葉，或向左右萌生新根莖。

分布產地

　　嫩薑以南投、宜蘭為主要生產地。老薑則以南投、高雄、嘉義、臺中生產較多。

食療資訊

　　薑性溫，含有薑油酮、薑油酚等揮發性物質，可促進血液循環，發熱散寒，促進食慾，驅蟲殺菌等功用。

選購要領

　　嫩薑粗大潔白，帶有粉紅色鱗片葉，肉質幼嫩無粗纖維。老薑則是無發芽，無腐爛、萎縮者為佳。

貯存要點

　　嫩薑可用保鮮膜包覆以防失水，再置於冰箱冷藏。老薑可用沙埋覆，避免失水萎縮。

↑嫩薑醃漬物嚐起來酸甜脆辣，相當美味。

↑選購老薑時以無發芽，無腐爛萎縮者為佳。

↑將「種薑」種植在溝中，接著以塑膠布覆蓋來保溫催芽。

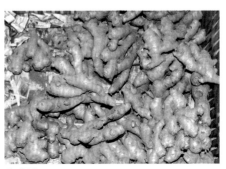

↑老薑。

草石蠶

Stachys sieboldii

科名：唇形花科　　　　　英文名：Chinese artichoke

別名：地蠶、寶塔菜　　　　原產地：中國

盛產季節：[1] [2] 3 4 5 6 7 8 9 10 11 [12]

↑ 草石蠶形似蠶寶寶，頗為奇特。

草石蠶原在中國栽培歷史已久，在臺灣是屬於新興蔬菜，其地下根莖環節清楚，白皙肥胖，大小和形狀酷似蠶寶寶，非常奇特。

草石蠶性喜溫暖環境，生育適溫為15~25℃，全日照或半日照均可。繁殖可用莖段扦插或根莖繁殖，按一般澆水施肥管理，其間加以培土來維護品質。秋冬季地上部莖葉會萎凋，便可挖掘採收地下根莖。

草石蠶在臺灣產量並不多，在1998年前後，市場上的商人謊稱它是新鮮的珍貴中藥材「冬蟲夏草」，一時之間大家對它趨之若鶩，謊言被拆穿之後，才讓草石蠶嶄露頭角逐漸受到大家的注意。

白色的地下根莖是食用部位，形狀如蠶寶寶，卻不同於蠶寶寶的肥軟，它的質地脆硬，可與其他蔬果或肉類一同炒食或煮食、燉湯等，也可沾麵粉油炸，或醃漬食用。由於它小巧可愛的模樣，形態雅致，也常被作為觀賞植物用。

形態特徵

草石蠶是多年生草本，株高15~25公分，莖方形四稜，密生細毛；葉對生，卵形或長卵形；穗形總狀花序，頂生枝端；花淡紫和白色相間；小堅果卵球形，黑色；地下塊莖呈螺旋短節狀，白色。

分布產地

臺灣各地有零星栽培，僅有少量專業栽培，市面上販售多是從中國進口。

食療資訊

草石蠶風味淡薄，可製成醬菜。性平味甘，本草綱目記載不宜生食或多食。

選購要領

地下莖外皮潔白，肉質堅實，無腐敗黑斑者為佳。

貯存要點

收穫後可趁鮮食用，或置入沙土於乾燥陰涼處貯存，若裸露容易失水，軟腐變色，降低品質。

竹筍概論

竹筍是竹子的地下根莖往上萌發的新芽，我們所食用的就是尚未木質化的幼芽。竹筍若未採收，伸出土面往上伸長就形成竹稈。

竹子是多年生常綠植物，稈直立，中空有節，高可達6~20公尺，直徑最大可達20公分，枝互生，地下蔓生的部分，植物學上稱根莖。從3~4月開始，地下莖生的嫩芽，抽出地上，日漸成長，成為竹。幼嫩時稱筍，供蔬菜食用。

竹子種類甚多，臺灣原生及引入的竹子約有60餘種，可分為叢生竹（慈竹）及散生竹（毛竹）兩大類。大部分竹子的竹筍具有苦味無法食用，臺灣食用的竹筍以麻竹、綠竹、孟宗竹、桂竹、烏腳綠竹為主。

【選購要領】

竹筍若出土過久採收，筍尖會呈現濃綠色而非金黃色，這時筍肉會帶苦味，口感不佳。另外，採收過久的竹筍在切口會老化粗硬，因此挑選時以切口細嫩者為佳。

【貯存要點】

竹筍採收後會迅速老化，所以購買後要越快烹煮越佳。加工後的筍乾由於含水量低，食用前必須先行浸泡，再放入沸水中去除苦味及霉味。

麻竹和綠竹地下根莖肥厚，節間很短，長出的竹稈非常密集呈叢生狀，稱為叢生竹；叢生竹多長於熱帶及亞熱帶，性喜溫暖、怕霜害，多分布於低海拔地區。孟宗竹與桂竹的地下莖細長蔓生，由地下莖萌發的竹稈分散且擴展迅速，稱為散生竹，散生竹多產於溫帶，能耐冬季的霜害，抗風力強，中海拔的溪頭森林遊樂區就有大片的孟宗竹林。

竹筍的產期約自每年的3~8月，在8月分採收末期，由於筍價較低，農民將竹筍醃製成筍乾、筍醬、脆筍等加工品，等鮮筍缺貨再推出上市。筍乾的原料以3尺的麻竹筍較佳，經過切筍、蒸煮、發酵、晒筍、包裝後即可上市，因為含有乳酸，所以又稱「酸筍」。而有些不經發酵直接烹煮後晒乾的筍乾，則沒有酸味並保留原有竹筍的香味。筍乾的出產地以雲林古坑、南投竹山最多。

↑竹筍除鮮食外也可加工製作筍乾、脆筍。

綠竹筍 *Leleba oldhami*

科名：禾本科　　　　　　　　　英文名：Green bamboo
別名：甜竹、綠仔竹　　　　　　原產地：中國、東南亞
盛產季節： 1 2 3 4 5 6 7 8 9 10 11 12

↑綠竹林。

　　綠竹是臺灣最著名的食用筍種，筍肉肥嫩，味鮮美，鮮筍為夏日佳餚。地下莖節粗短，節上的芽發育成筍，長成竹稈，由於新芽靠近老竹，所以形成密集竹叢。綠竹竹筍期較麻竹短，麻竹、綠竹的盛產期在高溫的夏、秋之際，為保持鮮嫩的品質都在清晨採收，以筍尖剛露出土面品質最佳。

　　綠竹適宜種植於海拔500公尺以下砂質壤土或壤質砂土，比較集中的栽培區包括臺北縣、桃園縣、南投縣竹山鎮、臺南縣、屏東縣等地區。綠竹發筍時期相當長，5~7月是盛產期。每株筍最大的有1.2公斤，最小0.2公斤，平均重0.7公斤。筍形彎曲呈羊角狀，筍籜薄而籜舌小，肉質細嫩、纖維少、食味佳，適合於市場販賣和製造罐頭用。綠竹竹材的纖維長，可供製造高級濾紙的材料，而竹稈則可製作家具、農具或編製各種竹器。

形態特徵

綠竹屬於叢生竹類，稈合軸叢生，高5~10公尺，竹稈較麻竹小，直徑5~12公分，深綠色，無毛。籜灰綠色，背面及邊緣殆無毛；葉片長橢圓狀披針形，長8~21公分，寬2~5公分。花深綠色，成熟時轉為黃褐色，長約1.8公分。

分布產地

臺灣為早期先民自中國引入，主要栽培在臺灣北部，以臺北面積最大。

食療資訊

竹筍性寒，味甘、清熱解毒。富含纖維素、鉀、磷、鋅，很少施用農藥，低脂肪、低醣、低熱量，食用能增加胃腸蠕動，防止便秘，為清潔健康蔬菜。竹稈中層稈皮稱竹茹，有解熱之效。

← 選購時以筍尖不帶綠色，切面白色，肉質細緻無褐化為佳。

↑ 綠竹筍沙拉。

↑ 挖掘綠竹筍。

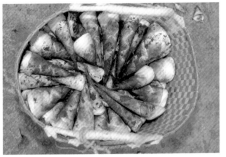

↑ 每年5～10月是綠竹筍的盛產季節。

麻竹筍

Dendrocalamus latifloxus

科名：禾本科　　　　　　英文名：Ma bamboo

別名：甜竹、大綠竹　　　原產地：中國南部、緬甸北部

盛產季節： 1 2 3 4 5 6 7 8 9 10 11 12

　　麻竹發筍時期較長， 5~7月是盛產期。筍供食用，鮮筍煮湯、製作筍乾及熟筍罐頭均宜，每株筍大的可達3公斤，最小的0.5公斤，平均重1.75公斤。筍形直立呈圓錐形，外皮無毛，略帶淡綠黃色，筍籜厚而籜舌大，肉質較綠竹稍粗，纖維也多，品質較綠竹筍略差。

　　加工用的麻竹筍可等筍尖露出土面30~40公分再採收，由於筍形大，重量重，纖維質較粗，因此適合加工製罐。鮮食用的麻竹採收時比較費工，先用特製的筍刀拍打土面找出筍的位置，再用刀尖將竹筍與地下莖連接的部分切斷，由於怕傷到地下莖所以不能用鋤頭掘起。麻竹葉子甚長，可用來包裹粽子；竹稈供建築，加工及造紙，為臺灣最重要的經濟竹種。另有節間膨大如梨形的葫蘆麻竹（cv. *Subconvex*），以及稈具縱向條紋的美濃麻竹（cv. *Mei~nung*）可供園藝栽培觀賞。

↑ 麻竹是臺灣栽培面積最大，竹筍產量最多的種類。

↑ 竹筍乾。

→ 麻竹富含纖維素，食用能增加胃腸蠕動，防止便秘。

形態特徵

麻竹為叢生竹，稈柄合軸叢生；竹稈可粗達30公分，高度可達20~30公尺，節間可長60公分。籜革質，被細毛；葉7~8片簇生，質薄，長20~40公分，寬2.5~7.5公分，葉柄扁平，長0.3公分；葉鞘平滑無毛。

分布產地

臺灣廣泛栽植於全島海拔1300公尺以下山坡地、丘陵地。

食療資訊

竹筍性寒，味甘、清熱解毒。富含纖維素、鉀、磷、鋅，很少施用農藥，低脂肪、低醣、低熱量，食用能增加胃腸蠕動，防止便秘。竹筍含有大量草酸，會影響鈣質的吸收分解，罹患關節炎、結石者不宜食用。

選購要領

筍殼米黃色，筍尖未轉為綠色，筍肉新鮮幼嫩，不具苦味為佳。

貯存要點

不耐長期貯存，應盡速食用。若需貯藏，可先用冰水預冷至2℃，以塑膠袋包裝，置於冰箱可貯存約2週。

↑ 選購時以筍殼米黃色，筍尖未轉為綠色為佳。

↑ 麻竹筍。

↑ 將採收後的麻竹筍分級即可運往市場販賣。

烏腳綠竹筍

Leleba edulis（Odashima）

科名：禾本科	英文名：Edible bamboo
別名：甜竹、綠仔竹	原產地：臺灣北部

盛產季節：1 2 3 4 5 6 7 8 9 10 11 12

↑ 烏腳綠竹林。

　　烏腳綠竹原產地在臺灣北部。竹的外形較綠竹高大，故筍形也大，但出筍期比綠竹早約1個月。每株筍最大的可達1.5公斤，最小的則有0.5公斤，平均重約1公斤。

　　烏腳綠竹筍形直立，呈長圓錐狀，外皮淡綠黑色，有多數黑毛遮蔽，筍籜厚籜舌小，籜的內面紫赤，色澤鮮豔美觀、纖維少、肉質嫩如梨肉，是相當優良的竹筍品種。除了筍供食用外，其竹稈也可提供作為建築及造紙用材。

形態特徵

叢生竹類，稈合軸叢生，根莖短縮；稈略呈「之」字形彎曲，幼時節上被一圈褐色密毛。籜下部密生毛，幼時被褐色緣毛；籜耳不明顯。葉橢圓狀廣披針形，葉下表面密被毛，兩緣密被緣毛。

分布產地

烏腳綠竹是綠竹的變種，垂直分布最高海拔可達1600公尺，通常在 500 公尺以下，尤其是平地最多。臺灣各地皆有栽培，以雲林、臺東和花蓮栽培較多。

食療資訊

竹筍性寒，味甘、清熱解毒。富含纖維素、鉀、磷、鋅，很少施用農藥，低脂肪、低醣、低熱量，食用能增加胃腸蠕動，防止便秘，為清潔健康蔬菜。

選購要領

切面白色，肉質細緻，無褐化。

貯存要點

不耐貯藏，採收後宜盡快食用，若不立即煮食，可在切口抹鹽巴，放入冰箱暫時存放。

↑ 烏腳綠竹筍。

↑ 烏腳綠竹筍筍形直立，呈長圓錐狀。

↑ 竹筍在晒到太陽後會變苦，因此筍農們需在天亮前採收。

桂竹筍

Phyllostachys makinoi

科名：禾本科	英文名：Makino bamboo
別名：篗竹、桂竹仔筍	原產地：臺灣

盛產季節： 1 2 3 4 5 6 7 8 9 10 11 12

↑ 採收後的桂竹筍綑綁成束即可運至市場販售。

　　桂竹普遍栽培於臺灣中、低海拔山區，其竹稈表皮呈深綠色且質地堅硬富彈性，經除油後色澤相當優美，是編織藝品的上等材料，也可作為建築材料、棚架、竹籬、手工藝品，而籜則可製作斗笠，甚至泰雅族的傳統房舍也是利用桂竹來作為竹屋的主建材。

　　桂竹筍形直長，外皮光滑無毛，筍籜薄而籜舌長，外皮具有黑褐斑點，肉質稍硬，纖維不多。筍重最大約0.6公斤，平均重400公克，適於市場販賣和製造筍乾。由於栽培過程中幾乎不必噴藥防治病蟲害，是相當粗放而健康的蔬菜。

　　桂竹筍單價低，採收時不像綠竹、孟宗竹冬筍那樣費工，都是等竹筍露頭約2尺左右，再用腳直接踢斷或用手摘取。發筍期約在4~5月，產期不長，繁殖可利用分株法，挖取幼株帶地下根莖種植，每年清明節前後梅雨季節存活率較高。

形態特徵

桂竹屬於散生竹，稈直立，高可達6~15公尺，根莖橫走蔓延。地下莖匍匐狀、單軸散生，竹稈徑4~8公分，節間長30公分，節較突起。竹面密布暗褐色斑塊，並生短柔毛，竹耳不顯著，竹葉披針形，先端略尖。葉2~5片，聚生成簇，質厚，披針形，邊緣具針狀鋸齒。

分布產地

臺灣中北部較多，南部較少，中低海拔大面積造林，多栽培於海拔300~1000公尺的山坡地。

食療資訊

竹筍性寒，味甘、清熱解毒。富含纖維素、鉀、磷、鋅，很少施用農藥，低脂肪、低醣、低熱量，食用能增加胃腸蠕動，防止便秘，為清潔健康蔬菜。

選購要領

外皮光滑，肉質鮮嫩不具粗纖維者為佳。

貯存要點

可先用冰水預冷至2℃，以塑膠袋包裝置於冰箱貯存約2周，也可加工製作筍乾或桶筍貯存。

↑ 新鮮的桂竹筍搭配爛肉，成了一道美味的料理。

↑ 剛出土的桂竹筍。

↑ 剝除外表厚實的筍殼後才可著手料理。

孟宗竹筍 *Phyllostachys pubescens*

科名：禾本科	英文名：Moso bamboo
別名：江南竹、茅茹竹筍、毛筍、毛竹筍	原產地：中國

盛產季節：1 2 3 4 5 6 7 8 9 10 11 12

　　孟宗竹相傳是由24孝中孟宗冬季為母求筍的故事而得名。孟宗竹的春筍期在每年3~5月間，產期不長。由於筍皮上密布黑色絨毛，所以又稱為「毛竹筍」，肉質較硬，筍重約1.5公斤。

　　一般竹筍的產季大多集中在春、夏，到10月後就不再產筍了。在冬季，唯有孟宗竹能產筍，稱為「冬筍」。冬筍11~2月在地下形成筍，未出土前挖出。筍形最大1.0公斤，最小0.2公斤，平均重600公克。外皮淡黃色、平滑無毛，籜舌短縮，呈羊角狀，肉質細嫩、食味極佳、耐貯藏。

　　冬筍生長在2年生的竹鞭上，由於藏在地下不露地表，因此尋找及採收都相當費事。一般皆用短柄窄身的筍鋤，在2年生的母竹旁邊挖起園土，認定2年生的竹鞭後，沿鞭翻土，找得鞭上冬筍的位置而掘起，極費人工。另一方式為認定竹梢的傾斜方向以找尋竹鞭。總之，採收冬筍須相當技術也較費人力，因此價格高昂。

　　冬筍的筍皮上長有一圈金黃色的絨毛，蒸煮時會發出一股獨特的香味，在農曆年前香味最濃，過年後香味就逐漸淡去，南投鹿谷就以生產冬筍和凍頂烏龍茶聞名。

↑ 冬筍是由地下根莖所生長出來的。

↑ 孟宗竹春筍。

形態特徵

孟宗竹屬於散生竹，根莖匍匐，稈散生直立，高5~20公尺，幼時亮綠色且被銀色柔毛，成熟時光滑無毛，黃綠至灰綠色，節上長2小枝。葉具柄，葉2~4片簇生，線形披針形，撢近革質，外表面被黑棕色毛，散布黑棕色斑點，邊緣被毛。

分布產地

原產中國。南投鹿谷產量最多，次為嘉義。

食療資訊

竹筍性寒，味甘、清熱解毒。富含纖維素、鉀、磷、鋅，很少施用農藥，低脂肪、低醣、低熱量，食用能增加胃腸蠕動，防止便秘，為清潔健康蔬菜。

選購要領

冬筍基部窄小，籜片生長緊密，外皮褐色或金黃色，絨毛完整。

貯存要點

孟宗竹春筍不耐長期貯存，應盡速食用。若需貯藏，可先用冰水預冷至2℃，以塑膠袋包裝置於冰箱，貯存期長達約2周。可加工製作筍乾或桶筍貯存。

↑ 孟宗竹於春夏生長的竹筍稱為春筍，又稱毛竹筍。

↑ 冬筍深藏地下不露出土面，尋找及採收都相當費事。

茭白筍 *Zizania latifolia*

科名：禾本科	英文名：Water bamboo
別名：菰、水筍	原產地：中國

盛產季節： 1 2 3 4 5 6 7 8 9 10 11 12

↑ 茭白筍田。

　　茭白筍在200多年前由中國引進臺灣種植，盛產期在5~10月，此時高溫多雨造成的蔬菜短缺，遂使水生的茭白筍逐漸發展為經濟作物。通常在水田旁、圳溝畔淺水地方都可以看到，茭白筍的嫩莖質地白皙甜嫩可口，不但營養含量高，且病蟲害少。

　　茭白筍有個很特別的地方，就是種植後要被菰黑穗菌感染，才能使莖部細胞分裂增殖而膨大成筍狀嫩莖，即我們所食用的「腳白筍」。若過晚採收，等菰黑穗菌形成了孢子堆，則美白嫩筍內就形成滿滿的黑色圓斑，而喪失了食用價值。

　　茭白筍喜溫暖潮溼、陽光充足的氣候，種植地點以具有流動水源、排水良好、富含有機質的黏質壤土為佳。在莖部肥大期，水深要浸沒孕菱部分，才能使菱肉白嫩。

　　因埔里的氣候溫和，水質甘美無汙染，所生產的茭白筍特別好吃，優美的外型像極女人的腿，所以「美人腿」的名號不逕而走。近年茭白筍的品種日益改良，除口感好以外，產期也拉長，僅冬天無法生產，消費者隨時都可吃到埔里的茭白筍，不論炒食、涼拌沙拉、煨湯或帶殼燒烤都相當美味。

形態特徵

　　茭白筍是水生植物，株高約2公尺；葉互生，長劍形，平行脈，葉鞘基部有細毛；短縮莖由葉鞘包被，莖上長出的芽因有菰黑穗菌寄生，產生肥大的莖，即食用部位。

分布產地

　　臺灣各地均有零星栽培，南投埔里產量居全臺之冠，新竹等地區多有種植。

食療資訊

　　茭白筍性寒、味甘、開胃口。含豐富纖維素、鎂、鋅等礦物質，幫助胃腸蠕動，含多量草酸鈣，腎臟病及結石症者不宜多食。

選購要領

外殼光滑鮮綠，筍身直立，筍肉密實無黑色斑點，未老化、腐爛、水傷者為佳。

貯存要點

採收後（連殼）立即以冰水預冷半小時，接著以塑膠袋包裝好，貯存於5℃可減緩甜度、品質下降之速度，約可貯存3周之久。

↑ 選購時以外殼光滑鮮綠，筍身直立，
　筍肉密實無黑色斑點為佳。

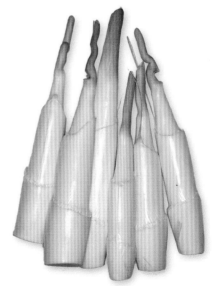

↑ 茭白筍不論是用來煮湯、炒食或做沙拉
　都是不錯的料理方式。

↑ 尚未剝除外殼的茭白筍。

過溝菜蕨 *Anisogonium esculentum*

科名：蹄蓋蕨科	英文名：Bracken fern
別名：過溝菜、過貓、蕨菜	原產地：馬來西亞、澳洲、菲律賓、琉球、南洋諸島、中國及臺灣等地

盛產季節：1 2 3 4 5 6 7 8 9 10 11 12

↑ 過溝菜蕨適合生長於陰溼的環境。

　　過溝菜蕨一般稱為「過貓」，為野生植物，在臺灣分布於平地至低海拔山區，田邊溼地或溪流兩旁常出現大群落，20餘年前開始利用人工栽培，目前市售過溝菜蕨是以人工摘採約15~20公分嫩葉莖，然後約300公克綁成一小把販賣。

　　過溝菜蕨病蟲害少，可不需施用農藥，為健康清潔蔬菜之一。夏季為主要產期，雨水越多生長越佳，是颱風天後最佳的綠色蔬菜。食用以嫩葉脆梗為主，適合炒食或汆燙涼拌鮮食，口感黏滑。料理方式有大火快炒後加入蒜末、薑絲、豆豉及鹽，滋味不錯，或是先用沸水燙熟後放入冰水中冷卻，接著切段加上蠔油或是沙拉及柴魚片。在山邊餐館店常見這道野生蔬菜料理，有機會可多嘗試。

↑ 市場販賣的過貓約30公分高，以日本料理店使用最多。

形態特徵

過溝菜蕨為多年生草本植物，株高約60公分，根莖粗大，木質化而硬，斜臥簇生，被有褐色鱗片，葉柄粗大而叢生，葉子為1~2回羽狀複葉。

分布產地

在南投水里、魚池、信義及國姓等地均有生產。

食療資訊

過溝菜蕨營養成分包含蛋白質、脂肪、醣類、纖維、灰分、維生素A、B、C、磷、鈣及鐵等。清血利尿，降低膽固醇，性寒，體質虛弱者不宜多食。

選購要領

以新鮮幼嫩，心葉緊包未展開，葉梗易折斷為佳。

貯存要點

過溝菜蕨不耐放，很快就會老化及腐爛，且易纖維化，最好立即食用。

↑ 加入大蒜拌炒的過溝菜蕨風味絕佳。

↑ 選購時以新鮮幼嫩，心葉緊包未展開為佳。

↑ 過溝菜蕨以摘採嫩葉梗食用為主。

↑ 涼拌後的過溝菜蕨嚐起來清爽可口。

山蘇花 *Asplenium nidus*

科名：鐵角蕨科	英文名：Bird nest fern
別名：鳥巢蕨、雀巢羊齒	原產地：熱帶及亞熱帶，分布在日本、中國、臺灣及琉球等地

盛產季節： 1 2 3 4 5 6 7 8 9 10 11 12

↑ 山蘇新長出來的嫩葉，尚未展開是可以食用的部位。

山蘇花一般又稱「鳥巢蕨」，可當觀賞用盆栽。於臺灣海拔2500公尺以下山區均可生長，多著生於溼涼的樹幹或是岩石隙縫中，葉片呈細長條形，葉形優美，在切花中常利用來當陪襯花材。

一般市場販售的山蘇花是通稱，臺灣山蘇花、南洋山蘇花及山蘇花三種均可當成蔬菜食用。山蘇花一年四季均可採收，主要食用尚未展開，長度約12~15公分左右的嫩葉。適合炒食或涼拌，炒時可加入小魚乾、豆鼓及辣椒一起快炒，也可將嫩葉汆燙後加上沙拉醬一起食用。山蘇花因病蟲害少，不用噴灑農藥，為清潔健康蔬菜，但因產量不高所以價格較貴。

↑ 選購時以幼嫩的葉梢為佳。

形態特徵

　　山蘇花屬於多年生草本，為蕨類植物。株高約20~60公分，根狀莖短而直立，暗棕色或黑色的鱗片保護，氣生根發達，葉呈輻射狀叢生於莖頂，葉片大而光滑，闊披針形，葉長可達150公分，寬約10~15公分。

分布產地

　　生長於海拔2500公尺以下山區，一年四季均可採收。目前在花蓮、臺東、屏東及南投等地均有栽培，其中以花蓮吉安及秀林為主。

食療資訊

　　山蘇花的營養成分包含維生素A、鈣及鐵等。原住民取嫩芽治療創傷。

選購要領

選購以幼嫩的葉梢為主，通常色澤呈淡綠色，葉片尚未開展者較嫩。

貯存要點

山蘇較容易老化，最好是當天購買當天食用完畢。

↑ 山蘇花屬於附生植物，會利用孢子飛到大樹樹幹上生長出幼株。

↑ 市面上食用的山蘇花是採黑色遮陰網栽培。

落葵 *Basella rubra*

科名：落葵科

英文名：Malabar spinachn、Ceylon spinach

別名：皇宮菜、蟳菜

原產地：熱帶亞洲、中國、南美洲

盛產季節： 1 **2** 3 **4** 5 **6** **7** 8 9 10 11 12

↑ 落葵的嫩莖葉含有豐富的維生素A、B、C及礦物質。

　　落葵在1661年自中國華南引進臺灣種植，為臺灣最早栽培作物之一。因為葉片像葵所以稱為「落葵」，市面上稱為「皇宮菜」。

　　落葵品種包含白落葵、紅莖落葵及洋落葵等，洋落葵可供作藥用或鮮食。栽培時極少施用農藥，可視為清潔蔬菜，一般農家種植在圍籬上任其攀爬於窗臺。食用部位以嫩莖及嫩葉為主，口感滑嫩鮮美，適合炒食或煮湯，清洗後用大火快炒，味道鮮美，炒熟後有點黏滑感覺。

↑ 選購時以新鮮脆嫩，不枯焦及無病斑為佳。

形態特徵

　　落葵為一年或多年生蔓性草本植物，葉互生多肉，小而卵圓形；花小，白或紫色，穗狀花序；種子為紫黑色。

分布產地

　　全臺各地均有零星栽培，主要產地集中在雲林二崙等地。

食療資訊

　　落葵營養成分包含蛋白質、脂肪、醣類、維生素A、B、C、纖維、灰分、磷、鈣、鐵及菸鹼酸等。落葵性寒，可代茶飲用，利尿，葉子搗碎後可敷蓋治療皮膚腫毒。

↑ 落葵為蔓性植物，葉互生多肉，小而卵圓形。

選購要領

葉片厚，肉光滑，外形完整，新鮮脆嫩，無枯焦及病斑，莖短葉大，心葉長為最佳選擇。

貯存要點

易凍傷的蔬菜，可用報紙或棉紙包起來後再置於冰箱冷藏，以保持新鮮及延長保存時間。

↑ 落葵果實，種子為紫黑色。

↑ 落葵花呈白色，為穗狀花序。

莙菜 *Beta vulgaris*

科名：藜科	英文名：Table beet、Swiss chard、Chard
別名：莙蓬菜、牛皮菜、茄茉菜	原產地：地中海沿岸

盛產季節：1 2 3 4 5 6 7 8 9 10 11 12

↑ 莙菜的鐵質及鈣質含量遠超過一般蔬菜，極富營養價值。

　　莙菜一般閩南語稱為「茄茉菜」。早期由先民從中國引進，臺灣光復後農家普遍栽培。過去常將其煮熟後作為養豬的飼料，現在則成為餐桌上的美食。

　　莙菜喜歡生長於暖涼乾燥的氣候，在長日照下易抽苔開花，通常在秋天栽培較多。莙菜栽培品種包含黃葉種、綠葉種及Lucullus種等。莖葉紅色者稱為紅柄莙菜或火焰菜。清洗時將根切除後，再用水清洗乾淨。由於莙菜含有大量水分及澀味，食用前可先將莙菜下鍋燙熟後，再撈起炒食即可除去澀味及土味。一般葉片及葉柄適合炒食，葉柄及莖梗可做湯，根端可做甜糖。

↑ 莙菜植株屬於直根系。

形態特徵

荙菜為多年生草本植物，臺灣以一或二年生栽培為主，是甜菜的變種之一，但沒有膨大肉質根，根粗、葉大而肥厚，葉卵圓形，為主要食用的部位。

分布產地

各地均有栽培，在臺北近郊、彰化溪湖、永靖、雲林新港及二崙都有栽培。

食療資訊

荙菜營養成分包含蛋白質、醣類、維生素A、B、C、纖維、灰分、鐵、鈣及磷等。一般葉片及葉柄適合炒食，葉柄及莖梗可熬湯，根端可製作成甜糖。

荙菜性寒，味甘苦，可開胃，多吃荙菜可補血，強化骨骼，唯體質虛寒者不宜多食。

選購要領

選購時以葉片完整翠綠，無枯萎及黃葉，葉柄肥厚幼嫩，寬厚及色澤光亮最佳。

貯存要點

可利用報紙包起來，然後以直立方式貯存，放入冰箱冷藏時記得根部朝下，可延長保存的時間。

↑ 荙菜的根粗，葉大而肥厚。

↑ 根用荙菜根部膨大可製糖。

↑ 觀賞用的紅柄荙菜。

菠菜

Spinacia oleracea

科名：藜科　　　　　　　　　英文名：Spinach

別名：菠薐菜、赤根菜　　　　原產地：伊朗

盛產季節：1 2 3 4 5 6 7 8 9 10 11 12

↑菠菜盛產於秋冬季節。

　　菠菜在伊朗栽培已有2000年，傳入中國約在公元600年，之後14~17世紀由中國傳到日本及韓國，臺灣早年由先民從中國引入。

　　食用菠菜時，先用沸水汆燙一下，可減少草酸。菠菜因草酸較多，易和鈣質豐富的豆腐形成草酸鈣，不利人體吸收，所以烹調時要多加注意，以免傷害胃而造成消化不良。

　　清洗時以大量的水清洗乾淨即可，以現洗、現切及現吃為主，根部不要去除，可保留更多的營養元素。菠菜含大量的植物粗纖維，可促進腸道蠕動，利於排便。全株可炒食、汆燙及煮湯均可。現在一年四季均有菠菜可食用，春季的菠菜比較嫩小，適合涼拌，而秋季的較為粗大，比較適合熟食。

形態特徵

　　波菜屬一或二年生草本植物，株高約20~40公分，直根像鼠尾，紅色，味甜可食，自根部長出，箭形具長葉柄，莖短縮。葉片簇生，葉形有戟形、劍形、卵圓形、橢圓或不規則形，葉色綠、淡綠及濃綠，葉面平滑或多皺褶，低溫長日促進抽苔，雌雄異花或雌雄異株，雌花叢生葉腋，雄花成穗，生於莖頂或葉腋。

分布產地

　　臺灣目前一年四季均有栽培，夏季以梨山、南山、宜蘭大同鄉及桃園復興等高冷地為主要栽培區。

食療資訊

　　波菜營養成分包含蛋白質、脂肪、醣類、維生素A、B、C、纖維、灰分、磷、鈣、鐵、鈉、鎂及鋅等。由於波菜內含草酸，會析出體內的鈣，因此食用過多波菜，草酸會和人體內鈣結合成草酸鈣，易誘發膽結石或腎臟結石情況發生，進而降低人體對鎂、鐵的吸收。波菜性涼，味甘，可補血，通便，降火。

選購要領

葉片完整，莖葉肥壯幼嫩，葉片濃綠，不帶黃葉及無腐爛，無抽苔開花及少病蟲害斑點最佳。

貯存要點

不耐貯存，最好當日食用完畢，如需延長保存，可用報紙包起來再放入冰箱冷藏，此舉不僅保溼又可避免腐爛，不過切記根部需向下直立擺放。

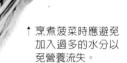

↑ 烹煮波菜時應避免加入過多的水分以免營養流失。

↑ 波菜栽培。

莧菜

Amaranthus tricolor

科名：莧科

英文名：Edible amaranth、Chinese amaranth、Tampala

別名：荇菜、荇菜

原產地：東南亞、印度、中國及熱帶美洲等

盛產季節：1 2 3 4 5 6 7 8 9 10 11 12

莧菜俗稱「荇菜」，中國栽培歷史悠久，在臺灣各縣市皆有栽培，臺灣早年由先民自中國引進，生性強健，生長迅速，耐高溫，栽培容易，為夏季的重要蔬菜之一。

生育日期約30~50天，小苗的高度約15~20公分即可採收。品種以白莧及紅莧為主，白莧葉子呈綠色，紅莧綠葉中帶有紫紅斑，紅莧菜纖維質也較多，煮後湯會帶有紫紅色。採收時包含根部，食用時可將根部切除，再用水沖洗乾淨。可炒食及煮湯食用，一般炒食可加大蒜或薑絲，煮湯可加吻仔魚，再用太白粉芶芡，極為美味。常見料理有炒莧菜、涼拌莧菜、莧菜吻仔魚湯及莧菜豆腐湯等。

↑ 莧菜葉片呈菱形。

↑ 紅莧菜。

形態特徵

　　莧菜屬於一年生草本植物，直根系，莖肥大而質脆，分枝少，株高30~60公分，互生卵狀菱形葉，葉色有綠、黃綠、紫紅色或綠色與紫紅色嵌鑲；花頂生或腋生，穗狀花序；種子極小，黑色有光澤。

分布產地

　　臺灣北部冬季不適宜栽培，夏季產地包含高雄路竹、雲林新港、二崙、西螺、臺北蘆洲及板橋等。

食療資訊

　　莧菜營養成分包含蛋白質、醣類、脂肪、維生素A、B、C、纖維、灰分、磷、鈣、鐵、鉀、鎂、鈉及鋅等。鐵質極豐富，比菠菜多1倍以上，也含草酸鈣，煮食後可降低莧菜草酸含量。

選購要領

　　選購時以植株完整，莖嫩脆易折斷，纖維不老化為挑選要件。白莧愈濃綠代表愈鮮嫩，紅莧色澤愈深愈嫩，枝梗肥大較瘦小好，葉腋不能有花苞，有則比較粗老。

貯存要點

　　不耐貯存，如果含有水分而送進冷藏，則容易腐爛或凍傷。建議利用報紙包起來，以直立方式貯存，記得根部朝下，這樣一來即可延長保存的時間。

↑ 選購時以莖嫩脆易折斷，纖維不老化為挑選要件。

↑ 莧菜花為頂生或腋生，穗狀花序。

甘藍

Brassica oleracea var. *capitata*

科名：十字花科	英文名：Cabbage、White cabbage
別名：高麗菜、包心菜、捲心菜、結球甘藍	原產地：南歐地中海沿岸或小亞細亞一帶

盛產季節： 1 2 3 4 5 6 7 8 9 10 11 12

↑甘藍外層的葉子受到陽光照射，因此呈現鮮豔的翠綠色。

　　甘藍又稱為「高麗菜」，臺灣於荷蘭人占據時引進栽培，在日治時代，日本大力引進甘藍品種，目前平地栽培以春、秋、冬季為主，夏季則由高冷地生產，是主要日常蔬菜之一。

　　甘藍採收後，繼續長出的腋芽，即稱為「高麗菜芽」，生長期短，病蟲害少，也是不錯的食用選擇。食用時由外向內逐片剝開清洗葉片即可食用，適合炒食、汆燙、煮湯、生菜、包水餃、醃菜及泡菜等，臺灣泡菜都是利用高麗菜為主，加入紅蘿蔔及辣椒一起食用，也可使用高麗菜熬湯當做火鍋湯底，是不錯的選擇。紫色甘藍常用在生食或菜餚之盤飾。

↑從剖面可觀察到葉片互相抱合的樣子。

形態特徵

甘藍為一、二年生草本植物，株高20~40公分，具短縮莖，其上生多數葉片，互相抱合，形成球形，為主要食用部位。根系淺，密集分布在30~35公分土層內；花黃色，4瓣；果實為長角果，長約5~10公分。一般外葉約20片，依葉色及葉形分普通甘藍、紫甘藍及皺葉甘藍，依葉球形狀分為球形、扁圓形及尖形。

分布產地

主要產地在中南部如彰化、雲林及嘉義等地，夏季高冷地包含大同、三芝、北投、梨山及信義等地。

食療資訊

甘藍營養成分含蛋白質、脂肪、醣類、維生素A、B、C、K_1、U、纖維、灰分、磷、鈣、鐵、鎂、鈉、鉀及鋅等。由於甘藍含有維生素K_1及U，是抗潰瘍因子，因此可生飲甘藍生菜汁來改善胃潰瘍和十二指腸潰瘍等病狀。

選購要領

球形完整，結球緊密，底部堅硬，莖葉肥壯幼嫩，葉片濃綠，不帶黃葉及無腐爛葉為原則。

貯存要點

分切過的甘藍，切口容易變黑，如果放置室溫下大約只能貯存2~3天，可以將甘藍放入密封袋置於冰箱冷藏，約保鮮1周左右。

↑ 葉片呈紫紅色的紫甘藍。

↑ 甘藍採收後再長出來的甘藍芽。

↑ 田間大量栽培的甘藍。

青梗白菜

Brassica chinensis cv. *Dhing~geeng*

科名：十字花科	英文名：Ching chiang pai tsai
別名：青江白菜、湯匙菜、大頭白菜	原產地：中國

盛產季節： 1 2 3 4 5 6 7 8 9 10 11 12

↑青梗白菜植株。

　　青梗白菜一般又稱「青江菜」。依梗的顏色有分為青梗及白梗兩種，依高低有分高腳及矮腳兩種，市面上常見青江菜都是一小把含3~5株植株，切一切剛好炒成一小盤，夠一餐食用，是一年四季都可食用的新鮮蔬菜。青梗白菜清洗時要注意，逐一將葉面剝開，以免裡面殘留汙物。一般適合炒食及汆燙，盤邊裝飾利用汆燙半熟的青梗白菜勾芡淋上，可美化菜色，是不錯的選擇。

↑青梗白菜含有胡蘿蔔素、維生素及礦物質。

形態特徵

青梗白菜屬於一年生草本植物，葉呈橢圓形，葉片較肥厚，葉色濃綠，纖維少，整片葉如湯匙，肥厚多肉，所以又稱「湯匙菜」。

分布產地

臺灣各地均有栽培，以雲林西螺、新港及二崙等地為主要產區。

食療資訊

青梗白菜營養成分包含蛋白質、醣類、維生素A、磷、鈣及鐵等成分。性平，味甘利腸胃，解酒渴。牙齦出血，多吃青梗白菜可以緩解。

↑ 採收後的青梗白菜置於塑膠籃內即可運銷往各果菜市場。

↑ 青梗白菜平均採收日約30天左右。

↑ 簡易網室栽培的青梗白菜。

油菜
Brassica chinensis cv. *oleifern*

科名：十字花科
別名：油菜心、油菜子、寒菜、薹苔
盛產季節：**1** **2** **3** 4 5 6 7 8 9 10 11 12

英文名：Edible rape
原產地：歐洲裡海附近

↑ 休耕期間，農民常在農田上大量栽種油菜以供食用或當綠肥用。

　　油菜在我國栽培歷史悠久，先民早期從中國引進栽培，為作物之一。油菜主要在二期稻作收成之後播種，春耕時犁田翻入土裡當綠肥，開花時為一片黃色的花海，美不盛收，為現今春節時期最流行的花海之一。

　　清洗時整株沖洗即可。種子可以榨油，作為一般的食用植物油。食用部位為嫩莖葉及嫩花苔，油菜心是菜苔的主要類型，全年均能生長花苔。油菜適合汆燙、加薑絲一起炒食，或是加入湯內一起食用，都是不錯的選擇。

↑ 油菜果實為長角果，每個果莢種子約 8～10粒。

形態特徵

　　油菜屬於一、二年生草本植物，葉柄光滑，直立向上，結實不空心；開黃色小花；果實為長角果，每個果莢種子約 8~10 粒；種子圓形，紅褐或黃褐色。

分布產地

　　臺灣各地均有零星栽培，主要產地有高雄梓官、路竹、雲林新港、西螺、二崙、彰化埔心、田尾、臺北新莊及板橋等地。

食療資訊

　　油菜營養成分包含蛋白質、脂質、醣類、維生素A、B、C、菸鹼酸、纖維、灰分、磷、鈣及鐵等。

↑ 油菜的葉形似菠菜。

選購要領

選購以全株完整，葉片油綠，無枯黃及腐爛，花莖為實心不中空較幼嫩，無病蟲害，莖易折斷為最佳選擇。

貯存要點

先將葉片噴溼，利用報紙包起來，以直立方式，根部向下放入冰箱冷藏，可延長保存時間。

↑ 壯闊的油菜花田常吸引眾人的目光。

大心芥菜 *Brassica juncea*

科名：十字花科	英文名：Leaf mustard、Mustard
別名：刈菜、大菜、長年菜、芥菜葉	原產地：中國、南洋、印度、中亞細亞、非洲及中美洲等地

盛產季節： 1 2 3 4 5 6 7 8 9 10 11 12

↑ 大心芥菜又稱「長年菜」，是過年期間相當應景的蔬菜之一。

大心芥菜早期自中國引進，臺灣栽培以中、北部為主，是冬季重要蔬菜，因馴化及品種改良漸漸於臺灣各地普遍栽培。

芥菜臺語稱為「刈菜」或「大菜」，過年時稱為「長年菜」。大心芥菜是屬於莖用之芥菜，株形直立，葉柄肥厚多肉，生長後期莖部直立肥大，成棒狀，閩南話稱為「菜心」。

選購時在葉片的表皮上有刀切痕是可食用，若是有焦痕或莖部膨心現象時要避免選購。因植株較大，清洗要逐片沖洗，以免沖洗不乾淨。主要食用葉及

↑ 大心芥菜莖部即一般人常稱的「菜心」。

莖，適合炒食、煮湯或是晒乾煮湯。大心芥菜的莖部可切細片或是小丁狀，加入醬油或鹽等調味，即成為可口的醬菜。

形態特徵

大心芥菜為一、二年生草本植物，根系淺，葉全緣或有缺裂，葉面廣大有皺痕，色澤為濃綠色，葉柄不明顯或無，中肋肥厚，葉略有苦味；花小色黃；種子為黑褐色，莖、葉及花苔均可食。

分布產地

產地以中南部較多，主要產區在雲林莿桐、大埤、西螺、崙背、二崙，彰化溪湖、埤頭、大城、埔鹽及竹塘等。

食療資訊

大心芥菜營養成分包含維生素A、C、醣類、蛋白質、磷、鐵、鈣及纖維素等。大心芥菜含有豐富的胡蘿蔔素，可有效抑制癌症因素。芥菜類含有草酸及芥末油，長期大量食用容易引起結石。

↑ 大心芥菜的葉片肥大且具皺痕。

選購要領

全株清潔完整，葉片鮮綠，無枯黃及腐爛葉，且無病蟲害及斑點，質地細嫩清脆新鮮，葉脈肥美厚實者佳。

貯存要點

可先將葉片逐一剝下，再以報紙包覆起來，置於冰箱冷藏即可。

↑ 大面積田間栽培的大心芥菜。

包心芥菜 *Brassica juncea*

科名：十字花科	英文名：Leaf mustard
別名：包心刈菜、捲心芥菜	原產地：亞洲

盛產季節： 1 2 3 4 5 6 7 8 9 10 11 12

↑ 包心芥菜。

　　包心芥菜屬於芥菜中葉用品種的蔬菜，食用的葉柄常是結球狀態，纖維少，辛辣味不強，品質優，餐館內常使用或加工為酸菜心。

　　包心芥菜加工醃漬後稱為「酸菜」。芥菜的莖葉及種子都具有辛辣味，所以一般以加工食用較多，葉片較細嫩可鮮食。

　　一般可將葉片炒食、煮湯及醃漬做酸菜或福菜等加工品。醃製加工時，自晴天上午將基部全株割取，先倒立於田間曝晒一段時間後，將失水的芥菜運回加工廠內進行醃製加工。

↑ 包心芥菜加工醃漬後即為我們一般常吃的「酸菜」。

形態特徵

屬於一、二年生草本植物，植株大，葉片肥大寬厚，有包捲狀結球，株形矮小，葉圓形，中肋平，纖維少，莖粗大肥厚。

分布產地

加工用以苗栗公館、新埔、斗南、雲林大埤、崙背等地栽培最多。

食療資訊

包心芥菜營養成分包含維生素A、C、醣類、蛋白質、磷、鐵、鈣及纖維素等。芥菜性溫，芥菜加老薑煮湯食用，可治風寒。肝火旺者不宜多食。

選購要領

選購時，以全株乾淨無斑點，葉片肥厚者為最佳。

貯存要點

以報紙或保鮮盒包裝後置於冰箱冷藏即可。

← 包心芥菜中央新長出的葉片，會包結成緊密一團的樣子。

→ 選購時以全株乾淨無斑點，且葉片肥厚者為最佳。

↑ 包心芥菜菜園。

芥藍菜 *Brassica oleracea* cv. *Albuglabza Group*

科名：十字花科	英文名：Chinese Kale
別名：格藍菜、綠葉甘藍、芥藍	原產地：義大利海岸、中國及東南亞一帶

盛產季節： 1 2 3 4 5 6 7 8 9 10 11 12

↑ 多食用芥藍菜可預防癌症的發生。

　　芥藍菜近似甘藍的野生種，早期先民自中國引入，臺灣的品種主要由中國或東南亞引進，西方人食用以捲葉種為主，東方人則習慣平滑葉種。因適應性強，所以一年四季均可生產，其中又以黑芥藍品種為臺灣栽培最多之品種。芥藍菜易老化及枯黃，購買後盡量快速食用完畢，放越久的芥藍菜越有苦味，購買時須多加注意。有抽苔的芥藍，稱為芥藍菜芽，是春節期間的常用蔬菜，食用時將整株清洗即可。主要以炒食、汆燙及煮湯均可，捲葉種通常作為沙拉或菜餚的裝飾用。

↑ 選購時以花苞未開者為佳。

形態特徵

芥藍為一年生草本植物，株高約20~40公分，葉片呈卵圓形具長柄，互生，葉色呈暗綠、綠或淺綠色，葉質較厚，具蠟質；花苔肉質，花色有白或黃色，總狀花序；種子圓形，近黑褐色或褐色。有抽苔的芥藍，稱為芥藍菜芽。

分布產地

臺灣各地普遍栽培，如臺北新莊、板橋、蘆洲，雲林西螺、二崙、新港，彰化溪湖及永靖等地。

食療資訊

芥藍營養成分包含蛋白質、醣類、脂肪、維生素A、B、C、灰分、纖維、磷、鈣、鉀、鈉、鐵、鎂及鋅等成分。多食用芥藍可促進皮膚新陳代謝，防止色素沉澱，具有清熱消腫之效。

選購要領

葉片完整且新鮮脆綠，無枯黃，葉片帶有果粉，梗大幼嫩，以花苞尚未開放為最佳選擇。

貯存要點

將葉片噴溼後利用報紙包起來，以直立方式，根部朝下放入冰箱冷藏，可延長保存的時間。

↑ 在幼嫩時所採收的芥藍菜芽。

↑ 芥藍菜的果實裡含有黑色種子。

↑ 芥藍菜花苔肉質，花為白色，總狀花序。

小白菜 *Brassica zapa*

科名：十字花科	英文名：Pe tsai、Pak choi
別名：青菜、菘、土白菜、不結球白菜	原產地：中國

盛產季節： 1 2 3 4 5 6 7 8 9 **10** **11** 12

↑ 栽培於田間的小白菜。

　　小白菜原產於中國，我國栽培歷史悠久，早年由先民從中國引進，臺灣及日本品種分化最多。小白菜的品種很多，如土白菜、黃金白菜、鳳山白菜、鳳京小白菜及臺農一號等。一般播種後約20~30天即可採收，生長期短，為颱風後最常搶種栽培的蔬菜，約半個多月就可以採收。

　　家庭栽培可考慮栽種小白菜，種植時間短又可增加樂趣，同時增加餐桌上的菜色。小白菜採收是連根拔起，清洗時，須把根切除後再撥開葉片逐一清洗。一般可炒食，氽燙及煮湯食用均可，常見煮湯時在小白菜裡加入蛋花即成為快速的蛋花湯佳餚。

形態特徵

　　小白菜屬於一、二年生草本植物，株高約15~30公分，根系淺，再生力強，莖短縮，葉簇生，葉色淺綠至墨綠，葉形分卵圓形、圓形、匙形、倒卵圓或橢圓形，葉全綠，鋸齒或波狀皺褶，葉柄肥厚且多汁；花為複總狀花序，黃色；果實長角果；種子圓形，暗褐色。

分布產地

　　臺灣各地均有栽培，以都市近郊栽培最多，如竹北、新莊、蘆洲、西螺、二崙及新港等地。

食療資訊

　　營養成分包含蛋白質、醣類、纖維、維生素A、B、C、鈣、磷及鐵等。小白菜纖維較多，可促進腸壁的蠕動，幫助消化，防止大便乾燥。

↑ 簡易溫室栽培的小白菜。

↑ 小白菜為複總狀花序，黃色小花。

↑ 具有皺葉波浪狀的小白菜。

結球白菜 *Brassica zapa* cv. *Pekinensis Group*

科名：十字花科	英文名：Chinese cabbage、Celery cabbage
別名：包心白菜、大白菜、卷心白菜、山東大白菜	原產地：中國

盛產季節： 1 2 3 4 5 6 7 8 9 10 11 12

↑ 結球白菜屬冷涼季節栽培的蔬菜。

　　結球白菜原產於中國，由不結球白菜與蕪菁雜交育種而來，栽培歷史已久，臺灣早期由先民引進，在中國、日本及韓國為重要蔬菜之一。常見的結球白菜分類包含包心白菜、山東白菜及天津白菜。食用時可逐葉剝下清洗，或是剖半對切都可，但逐片剝葉食用較耐貯藏。

　　食用方式有煮食、炒食、醃漬泡菜、冬菜及酸白菜等，冬天吃火鍋最常加入新鮮大白菜來增添風味，而一般小吃店常見的「白菜滷」也是大家必點的小菜之一，入口即化的白菜風味極佳。

↑ 食用時以一片片剝下方式處理。

形態特徵

結球白菜為一、二年生草本植物，株高約20~50公分，莖為短縮莖，葉無明顯葉柄，外葉寬有皺紋，表面具毛或光滑，形態因品種而異，葉色呈淡綠色，葉柄呈白色或白綠且厚，內葉黃或白色，葉球抱合方式分成疊抱、褶抱及柱抱三種類型；抽苔開花莖高約1公尺，為黃色總狀花序；果實為角果，內為赤褐或黑褐色種子數十粒不等。

分布產地

臺灣主要產地為彰化、雲林及嘉義等地，夏季則是南投、宜蘭及臺北等高冷地區蔬菜栽培區。

食療資訊

結球白菜營養元素包含蛋白質、脂肪、醣類、維生素A、B、C、纖維、灰分、磷、鈣、鐵、鎂、鉀及鋅等，可促進胃腸蠕動、幫助消化、便秘及預防痔瘡等，然結球白菜性涼，氣虛骨寒不宜多食，也不可冷食。

選購要領

球形完整，結球緊密，底部堅硬有光澤，葉片鮮脆且無枯黃及腐爛，葉柄無黑斑。

貯存要點

整顆結球白菜可用報紙包起來再冷藏，食用時以一片片剝下方式處理，剩下的白菜可再用報紙包起來放入冰箱冷藏。分切過的白菜較不利貯存，切口易變黑，需盡快食用，或是利用保鮮盒密封貯存。

↑ 結球白菜的小苗。

↑ 採收後整裝成箱即可運送至市場。

↑ 田間大面積栽培的結球白菜。

↑ 結球白菜莖為短縮莖，葉無明顯葉柄。

食茱萸 *Zanthoxylum ailanthoides*

科名：芸香科	英文名：Ailanthus
別名：紅刺蔥、茱萸、刺江某、鳥不踏	原產地：中國、琉球及臺灣

盛產季節： 1 2 3 4 5 6 7 8 9 10 11 12

↑ 食茱萸果實為蒴果球形，種子黑色。

　　食茱萸分布於平地至海拔1600公尺以下的闊葉林中，嫩葉味道像極香蔥，所以又稱為「紅刺蔥」。其枝幹上長滿瘤刺，致使鳥兒不敢棲息，所以又叫「鳥不踏」。

　　食茱萸在北、中及南部山區火燒森林後的新生地，常可發現蹤跡。嫩心葉或幼苗時期嫩葉為淡紅色或紫紅色，是主要食用部位。

　　嫩葉具有特殊強烈香氣，可用來作美食上具特殊風味的菜餚。適合炒食、涼拌、煮湯及油炸，可將嫩葉沾麵糊下鍋油炸，或是將嫩葉汆燙細切，加在涼拌豆腐上，煮湯時加入少許食茱萸增加香氣或煎蛋，吃完後會讓人齒頰留香。食茱萸嫩葉的香味可代替料理中常用的八角、茴香等，不妨嘗試看看。

形態特徵

食茱萸莖密布短瘤刺，葉對生，奇數羽狀複葉，邊緣有鋸齒，葉片含有豐富特殊香氣；花為黃綠色小花；種子為黑色，蒴果球形，種子、樹皮及根可供藥用。

分布產地

在南投縣埔里、信義、集集、仁愛、桃園復興、大溪、臺北大屯山及三峽均有生產。

食療資訊

食茱萸營養成分包含蛋白質、脂肪、醣類、纖維、維生素A、B、C、灰分、磷、鈣、鐵、鈉、鎂、鉀及鋅等。食茱萸性溫，根及樹皮有止血散淤，消腫止痛之效。

選購要領

選購以葉片完整，呈新鮮紅褐色。可採嫩枝或嫩葉食用並且不帶刺為最佳選擇。

貯存要點

新鮮採收後需盡快食用，如需冷藏可放入塑膠袋後置於冰箱以延長保存時間。

↑ 食茱萸植株樹幹上布滿尖刺。

↑ 食茱萸又稱「紅刺蔥」。

↑ 食茱萸葉片對生，奇數羽狀複葉，邊緣有鋸齒。

↑ 秋季為食茱萸的結果期。

香椿

Cedrela sinesis

科名：楝科	英文名：Cendrus、Chinese mahugany
別名：椿、紅椿樹、椿芽樹、杶	原產地：中國

盛產季節： 1 2 3 4 5 6 7 8 9 10 11 12

↑ 香椿屬於落葉性喬木。

　　香椿於1915年引進臺灣，由於樹形特殊，是優良觀賞樹種。成熟的果實乾燥後可製作成美觀飾品。食用部位以嫩葉為主，嫩葉以油炸或涼拌等方式食用，可利用嫩葉沾麵糊油炸或切碎煎蛋，或將香椿切細汆燙後放置涼拌豆腐上，再放調味料即可。

↑ 利用香椿嫩葉製成的調味醬。

　　香椿嫩葉經乾燥後製成粉末可提供調味之用，因香椿含有較多量的亞硝酸鹽，所以食用前先用沸水燙一下，以減少亞硝酸含量。

　　香椿最適宜採摘季節為每年的春至夏天新芽萌發之際，由於現在尚未有專業大量栽培，因而在菜市場上偶爾才可看到販賣，或是在山產店才比較容易吃到這道美味蔬菜。

形態特徵

香椿為落葉性喬木，樹幹直立，葉互生，偶數羽狀複葉，小葉7~20對，全緣或略有鋸齒，嫩梢與幼葉為紫紅色，為主要食用部位。

分布產地

臺灣各地均有零星栽培，少有經濟性栽培。

食療資訊

香椿營養成分包含蛋白質、脂肪、纖維、醣類、維生素A、B、C、灰分、磷、鈣、鎂、鈉、鋅及鐵等。香椿性平，含有揮發性芳香物質。能除熱燥，收斂止血，除蟲解毒之效。

選購要領

選購以葉片完整肥厚，新鮮細嫩，色澤呈紅褐色或紅綠色參半，無腐葉，具香氣者最佳。

貯存要點

新鮮採收後需盡快食用，如需冷藏可放入塑膠袋後置於冰箱冷藏，以延長保存時間。

↑ 香椿成熟後的果實。

↑ 香椿嫩葉呈紅褐色。

隼人瓜 *Sechium edule*

科名：葫蘆科

別名：梨瓜、香櫞瓜、佛手瓜、拳頭瓜

英文名：Chayote、Vegetable pera

原產地：墨西哥、中美洲

盛產季節： 1 2 3 **4** 5 6 7 8 9 **10 11** 12

↑ 隼人瓜在栽培過程中少有病蟲害。

　　隼人瓜每個瓜果都有一顆種子，呈紡錘形，與果肉連結一起，種子無休眠期，成熟時自然在果體萌芽。果實有白色種和綠色種，依果實外表又可分有刺和無刺兩個品系。

　　隼人瓜的種皮與果肉不易分離，僅在萌發前後種皮與胚易分離，這種沒有種皮的胚，叫「光胚」或「裸胚」。由於胚有特別肥厚的子葉，含有豐富營養物質，因此可供種子萌發和幼苗生長所需。

　　栽培隼人瓜時可採匍匐栽培以便於採摘嫩梢，若是以採摘果實為目的，則以搭設棚架為主，優點是產量高，除便於管理外採收也較方便。

　　食用方式為摘取隼人瓜的嫩梢，先將其清洗乾淨後用猛火快炒，或是汆燙後沾醬食用，而嫩果則適合炒食、煮湯、醃漬，也可切片加入肉絲、菇類等食材快炒。

形態特徵

隼人瓜莖蔓匍匐性或攀緣性，卷鬚多，屬多年生蔓性草本植物，地下有肥大的塊根，葉互生，葉形為心形或三角狀卵形，葉緣淺裂；花淡綠色或淡黃色，雌雄同株異花；果實梨形，果面有縱溝或縱皺紋，形似佛手，故有「佛手瓜」之名。

分布產地

臺灣集中在中南部的淺坡山地，其中又以南投魚池、埔里、國姓，雲林崙背、二崙，嘉義吳鳳、竹崎及阿里山等地為主。

食療資訊

隼人瓜苗營養成分包含蛋白質、脂肪、醣類、纖維、灰分、維生素A、B、C、菸鹼酸、磷、鈣及鐵等。中醫認為隼人瓜性涼，因此在夏季時發生的燥熱性疾病，均可在食用後獲得緩解。

選購要領

梢新鮮脆嫩，顏色翠綠，莖易折斷，無枯黃及沒有腐爛葉，以2~3節葉片的莖蔓為最佳選擇。

果實宜選果皮鮮綠、縱溝未形成或較淺，果肉未硬化，以指甲甚易劃傷，果肩光滑無細毛者為佳。若果皮開始呈現白色，凹凸鮮明，縱溝加深，則不適鮮食。

貯存要點

嫩莖葉以鮮食為主，不宜久放。果實若貯存在10℃的低溫下，可達半年之久，在室溫下也可存放1~2個月。

↑ 隼人瓜料理。

↑ 選購時以莖葉嫩梢較為新鮮脆嫩者佳。

↑ 隼人瓜栽培過程中少有病蟲害，可以說是無農藥汙染的健康清潔蔬菜。

↑ 隼人瓜果實也可當蔬菜食用。

芹菜
Apium gravelens var. dulce

科名：繖形花科	英文名：Celery
別名：旱芹、藥芹	原產地：歐洲溼潤地帶、小亞細亞、地中海沿岸、高加索及喜馬拉雅山東南區域

盛產季節： 1 2 3 4 5 6 7 8 9 10 11 12

↑ 芹菜的莖部是中空的。

　　芹菜一般包括水芹、旱芹及香芹三屬，日常通稱的芹菜指的是「旱芹」，因可入藥使用所以又稱「藥芹」。臺灣早期自國外引進，是古早作物之一，在臺灣閩南語稱之為「輕菜」。芹菜的葉、莖含有揮發性物質，能增強食慾，而芹菜汁則有降血糖作用。本地種芹菜適合炒食、煮湯及佐料等，西洋種芹菜則可以炒食、煮湯及製作生菜沙拉。芹菜葉中含有豐富維生素C，所以食用時嫩葉不要丟掉，可將葉片加入麵糊一起油炸食用。

→芹菜含有豐富的纖維質，可消除便秘症狀。

形 態特徵

　　芹菜屬於二年生草本植物，當一年生蔬菜栽培，株高約20~50公分，根系淺。本地芹肉質主根不明顯，根系小，西洋芹根系有肉質主根及鬚根，短而富肉質的根冠，簇生的葉著生於短而肉質的莖冠上，二回羽狀複葉，小葉2~3對，葉形呈卵圓形，三裂，邊緣鋸齒狀，葉色黃綠、綠至暗綠色，具有特殊濃郁辛香味，長長的葉柄為食用部位。

分 布產地

　　產地集中雲林二崙、崙背，彰化田尾、永靖、埔心及臺北近郊地區。

食 療資訊

　　芹菜營養成分包含蛋白質、醣類、纖維、維生素A、C、鐵、鈣、磷等。芹菜具有特殊香味，可促進食慾，幫助消化與新陳代謝，植株含有豐富的纖維質，常吃可幫助消化，消除便秘。

選購要領

植株完整，葉柄挺直光滑，葉片無枯黃，清脆幼嫩，無斑點且尚未抽苔開花者最佳。

貯存要點

摘除葉片後沖洗，接著以報紙或密封保鮮袋包裝後放入冰箱冷藏，包裝前需瀝乾水分以免造成葉片腐爛或是乾掉纖維化，而造成口感不佳。

↑西洋芹菜。

↑芹菜葉子屬二回羽狀複葉，邊緣呈鋸齒狀。

↑芹菜採收後綑綁起來，即可運送至市場販售。

↑芹菜的白色小花為繖形花序。

芫荽
Coriaudrum sativum

科名：繖形花科　　　　英文名：Coriauder、Chinese parsley

別名：香菜、胡荽　　　　原產地：南歐及地中海沿岸

盛產季節：1 2 3 4 5 6 7 8 9 10 11 12

↑ 栽培芫荽時農民會利用稻草覆蓋，以減少雜草長出。

　　我國自古代即有芫荽栽培，臺灣於清初由中國沿海引進。芫荽是重要的調味蔬菜之一，一般都是以配角出場，如果少了它總覺不對味。

　　品種包含青種及紅種，通常以青種為主。種植時期以秋至冬季為主，在田間耕種時，播種後畦面上會覆蓋乾稻草以讓芫荽可以順利生長。芫荽採收時，連根拔起會帶有泥沙，所以沖洗時須特別注意，並將黃葉或腐葉去除。芫荽通常作為佐料及調味之用，將芫荽洗淨細切，在煮白蘿蔔湯或做菜時加入，可增加香味，促進食慾。

↑ 芫荽堪稱為提味的好幫手。

形態特徵

芫荽為一、二年生草本植物，株高約10~15公分，簇生複葉，小葉圓形或卵圓形有缺刻，莖上的小葉則為線形；青梗種開花為雪白色，紅梗種開花為淡紫紅色；種子半圓形，黃褐色，有特殊香味。

分布產地

臺灣各地都有零星栽培，主要產地以彰化北斗為主。

食療資訊

芫荽營養成分包含蛋白質、脂肪、醣類、維生素A、C、菸鹼酸、磷、鐵及鈣等。芫荽性溫，味辛，含揮發性精油，具有疏風散寒之效，種子能健胃、驅風、治腹瀉。

↑ 芫荽花頂生，為繖形花序。

↑ 芫荽需種植在排水良好的砂質壤土或腐葉土最佳。

↑ 芫荽全株皆具有香氣，又稱為「香菜」。

茴香 *Foeniculum vulgare*

科名：繖形花科	英文名：Fennel
別名：懷香、茴香子	原產地：歐洲地中海沿岸

盛產季節：1 2 3 4 5 6 7 8 9 10 11 12

↑ 田間採收的新鮮茴香。

　　茴香原產於歐洲地中海沿岸，臺灣種植已有百年歷史，在園藝分類上歸為辛香料作物，由於果實及葉均含有特殊香氣，種子可以提煉精油，因此可供作食品香料及藥用等。

　　一般茴香的嫩莖葉供作蔬菜食用，花可作為插花材料，在花店稱為「蕾絲花」，是種讓人覺得很浪漫的切花，其花色為白色或黃色。一般食用以嫩葉及嫩莖為主，適合炒食，也可用麵粉、蛋，沾茴香糊進行油炸，嚐起來具有特殊甜味。茴香子可作為提煉油料、藥用、香料、麵包或調酒的香料。

形態特徵

茴香為多年生草本植物，莖葉均有香氣，葉片大，細裂成絲狀，葉柄基部寬大；花為繖形花序，花小，黃色，5瓣。

分布產地

各地均有零星栽培，如臺北新莊、板橋，雲林二崙、崙背、新港、西螺，彰化溪湖及高雄新園等地。

食療資訊

茴香營養成分包含蛋白質、醣類、脂肪、維生素B、C、纖維、灰分、磷、鈣及鐵等。特殊香氣可促進食慾，解胸悶，助消化。溫服可治胃脹、食慾不振及咳嗽。

選購要領

全株綠色，新鮮幼嫩，無枯萎及腐爛，不抽苔開花最佳。

貯存要點

放久易老化，需盡快食用完，可用報紙包起來置於冰箱冷藏。

↑ 茴香又稱「蘹香」，能消除肉品中的腥味。

↑ 盛開的茴香花枝可作為花藝的花材。

↑ 茴香為繖形花序。

↑ 採收後的茴香會先將根部清洗乾淨。

蕹菜 *Ipomoea aquatica*

科名：旋花科

英文名：Water convolvulus、Water spinach、Swamp cabbage

別名：空心菜、應菜、蕹菜

原產地：中國、印度

盛產季節：1 **2** 3 4 5 6 7 8 9 10 11 **12**

↑ 蕹菜田間栽培。

　　蕹菜為早期福建移民渡海來臺時所帶來，長久以來一直為臺灣重要的夏季蔬菜之一。因為蕹菜的莖是空心，所以又稱「空心菜」，閩南語稱「應菜」。

　　臺灣各縣市均有栽培，一年四季均有生產，但以南投縣名間鄉新街的 「水蕹菜」及宜蘭縣礁溪鄉的「溫泉蕹菜」最著名。蕹菜依其栽培方式可分旱蕹及水蕹二種。依葉片大小分為大葉種、中葉種及小葉種等。一般以炒食，汆燙或煮湯均可，炒食搭配大蒜或辣椒，煮湯搭配小魚乾皆相當美味。空心菜少有病蟲害，所以較少施用農藥，建議可多食用。

↑ 選購時挑選莖部較短且節較少者，比較鮮嫩清脆。

形態特徵

蕹菜為一年生蔓性草本植物，株高20~40公分，莖圓管形，中空，具乳白色汁液，右旋主莖匍匐生長，葉互生，披針狀長卵形或狹線形，葉基戟形或心形，葉先端尖，葉長6~15公分，有長葉柄；花在側枝上形成腋生，白色或紫色，形似牽牛花，為聚繖花序；果為蒴果；種子表面光滑，圓形或一邊略扁，呈黑褐色或白色。

分布產地

臺灣各地均有栽培。蕹菜生產集中在南投名間，溫泉水蕹菜則以宜蘭礁溪最為著名。

食療資訊

蕹菜營養成分包含蛋白質、脂肪、醣類、維生素A、B、C、灰分、纖維、磷、鈣、鐵、鈉、鉀、鎂及鋅等。含有高量的維生素A，蛋白質的含量是番茄的1~1.5倍，鈣質含量則是番茄的7~8倍。蕹菜性寒，味甘，具有清熱、涼血、通便之效。

↑ 礁溪著名的溫泉水蕹菜。

↑ 蕹菜的花開在側枝上，腋生，形似牽牛花。　↑ 採收後的蕹菜需先清洗後再送往市場販賣。

甘薯葉 *Ipomoea batatas*

科名：旋花科	英文名：Sweet potato vine
別名：地瓜葉、番薯葉	原產地：熱帶美洲

盛產季節： 1 2 3 **4** **5** **6** **7** **8** **9** **10** **11** **12**

↑甘薯葉少有病蟲害發生，因此無須太過擔心農藥殘留問題。

　　甘薯原產於熱帶美洲，在十七世紀初從中國福建引進臺灣，在當時為重要糧食「甘薯飯」，而甘薯葉則用來餵豬。經過時代變遷，甘薯葉成為現代人的最愛，因為甘薯葉被證實具有豐富營養，病蟲害少及生長快速等優點，因而成為大眾熱愛的短期葉菜類。

　　葉用甘薯因病蟲害少所以較少使用農藥，耐颱風及豪雨，成為臺灣夏季重要的蔬菜之一。主要食用部位為葉及葉柄或嫩梢，常食用可促進胃腸蠕動，預防便秘，一般適合氽燙、煮食及炒食等，可用熱水氽燙後加入醬油、大蒜、香油或油蔥進行調味，即可食用。

↑甘薯塊根含有相當豐富的膳食纖維。

形態特徵

甘薯為多年生蔓性草本植物，地下有塊根，葉互生，心臟形或有缺裂葉緣，葉色有黃綠、灰綠、綠紫紅或紫綠等；花為粉紅色或紫色；果實為蒴果。

分布產地

臺灣各地均有栽培。

食療資訊

甘薯葉營養成分包含蛋白質、脂肪、醣類、纖維、維生素A、B、C、灰分、鉀、鈉、鎂、鐵、鋅及磷等。甘薯葉性平，味甘，具有補中益氣，生津滑腸，通便之效。

選購要領

選購時以葉片完整、幼嫩，無枯萎及腐爛葉，植株新鮮且不帶泥土為佳。

貯存要點

甘薯葉極易凍傷，冷藏時可先用報紙或棉紙包起來，以保持新鮮及延長保存時間。

→ 選購時以葉片完整、幼嫩及腐爛葉為佳。

↑ 將發芽的塊根拿來作為擺飾，也別有一番韻味。

↑ 甘薯的花期為10~12月間。

羅勒 *Ocimum basilicum*

科名：唇形花科	英文名：Basil、Sweet basil
別名：九層塔、千層塔	原產地：印度、中國

盛產季節： 1 2 3 4 5 6 7 8 9 10 11 12

↑羅勒開紫色的花。

羅勒早期從荷蘭引進，有紅梗種、青梗種、大葉種及矮羅勒等品種。紅梗羅勒具有較濃烈的辛香味，在中南部鄉下空地，幾乎家家戶戶都會栽植幾株羅勒，以方便隨手摘來食用，如拿來煎蛋或是加入湯中調味。

在中式料理中，各式三杯雞也都需加入羅勒調味，還有鹽酥雞中也喜歡加入乾炸，以增加風味香氣，另外，葉與莖梗也可提煉精油。

↑羅勒開花株。

形態特徵

羅勒為一年生或多年生草本植物，株高約60公分，莖鈍四角形，葉對生全緣，葉形為卵圓形或長橢圓形；花為總狀花序，白色、淡紅色及紫色，花苞成九層狀，故稱為「九層塔」。

分布產地

臺灣各地均有栽培，臺北近郊及彰化有經濟栽培。

食療資訊

羅勒營養成分包含蛋白質、脂質、醣類、纖維、灰分、維生素、A、C、磷、鈣及鐵等。羅勒性溫、味辛，可行氣活血，治跌打損傷，莖葉弄爛敷於傷口，可消淤止痛。葉子可提煉精油，供調味及香水之用，但孕婦及皮膚過敏者不適用。葉子可助消化，驅趕腸寄生蟲。

選購要領

葉片完整，葉色翠綠，無病斑及枯黃葉片，香味濃厚為佳。

貯存要點

將葉片摘下清洗後，用塑膠袋裝入，放入冰箱冷藏，需注意凍傷發生。

↑ 選購時以葉片完整，葉色翠綠為佳。

↑ 羅勒花苞呈九層狀，故又稱為「九層塔」。

↑ 羅勒莖鈍四角形，葉對生全緣，葉形為卵圓形或長橢圓形。

↑ 田間大面積栽培的羅勒。

紫蘇
Perilla frutescens

科名：唇形花科	英文名：Perilla
別名：蘇草、紅紫蘇、赤紫蘇	原產地：東南亞、中國、印度喜馬拉雅山區

盛產季節： 1 2 3 4 5 6 7 8 9 10 11 12

↑ 紫蘇莖方形，葉為綠色或紫色，心形有鋸齒。

　　紫蘇約300年前由中國華南地區引進臺灣。紫蘇喜好溫暖溼潤、陽光充足的氣候，排水良好、土質疏鬆肥沃之砂質壤土均可種植。紫蘇的莖及葉含有特殊香氣，可作調味或醃漬用，並且具有防腐殺菌的功能。

　　紫蘇嫩莖葉可供作蔬菜食用，或是烹調各式各樣的海鮮肉類及調製各式飲料等。日本料理常常使用紫蘇來作為調味或配色，是不可或缺的蔬菜。莖葉可炒食，也可沾麵糊油炸食用，製作紫蘇果醬、紫蘇梅或醬菜等。紫蘇種子富含有益健康的紫蘇油，具有強烈的香氣。

↑ 紫蘇所加工製成的紫蘇梅。

形態特徵

紫蘇為一年生草本植物，莖方形，葉為綠色或紫色，對生，心形有鋸齒；花為穗狀花序，唇形花冠，白色，莖及葉都含有特殊香氣。

分布產地

臺灣各地均有零星栽培。

食療資訊

紫蘇營養成分包含維生素A、B、C、E、磷、鈣及鐵等，並具有揮發油、紫蘇醛、紫紅色素等成分。紫蘇性溫，味辛，內含揮發精油，能滋補美容，促進血液循環，並能消除疲勞。

選購要領

葉片完整，新鮮細嫩，無枯萎及腐爛葉片為最佳選擇。

貯存要點

將葉片摘下清洗後用塑膠袋裝好，放入冰箱冷藏，需注意凍傷情況產生。

↑ 皺葉青紫蘇。

↑ 紫蘇莖及葉都含有特殊香氣。

↑ 皺葉紅紫蘇。

角菜
Artemisia lactiflora

科名：菊科　　　　　　　　　　英文名：White mugwort

別名：珍珠菜、香芹菜、乳白艾、香甜菜　　原產地：中國

盛產季節： 1 2 3 4 5 6 7 8 9 10 11 12

↑ 角菜的嫩葉及葉柄可食。

　　角菜是先民由中國引進。因葉緣有粗鋸齒狀的缺刻，呈現長角形，所以稱為「角菜」。角菜生長勢強，適合臺灣的栽培，病蟲害少，不用農藥，是屬於夏季清潔蔬菜之一。

　　角菜也可供作觀賞盆栽及食用，食用以嫩莖及嫩葉為主，葉子帶有一股菊花的味道，營養價值頗高。採收時約取15~20公分，約4~5節的嫩莖或嫩葉即可。料理方式有將葉片切段後以大火快炒、煮蛋花湯，或將莖葉切細加蛋攪拌後，以炒蛋方式食用，都是不錯的選擇，另外嫩莖葉細切混入麵粉團油炸，嚼起來香脆可口。

形態特徵

　　屬於多年生草本植物，株高約20~30公分，具短莖，羽狀複葉，葉緣齒狀缺刻，葉柄有紅色及綠色，白色小花，似珍珠，又稱為「珍珠菜」。

分布產地

　　臺灣各地均有零星栽培，以北部新竹及中部苗栗栽植較普遍。

食療資訊

　　角菜營養成分包含蛋白質、脂質、醣類、灰分、纖維、維生素A、B、C、菸鹼酸、磷、鈣及鐵等。角菜性涼，清熱降火，可預防高血壓及糖尿病。

↑ 秋季時，角菜會開乳白色小型頭狀花。

選購要領

選購以植株完整，葉片鮮綠肥厚，無斑點，莖未木質化，葉柄易折斷為最佳。

貯存要點

可用報紙或棉紙包起來，置於冰箱冷藏，以保持新鮮及延長保存時間。

↑ 角菜葉片屬於羽狀複葉，葉緣齒狀缺刻。

茼蒿 *Chrysanthemum coronarium*

科名：菊科	英文名：Garland chrysanthemum、Crown daisy
別名：春菊、茼蒿菜、打某菜	原產地：地中海沿岸

盛產季節： 1 2 3 4 5 6 7 8 9 10 11 12

↑ 茼蒿盛產於秋冬季節。

　　茼蒿傳入中國甚早，分布廣闊，臺灣早期由先民從中國引進，因喜冷涼的氣候，夏季不適合栽培，為秋、冬重要的葉菜類蔬菜。由於植株內含大量水分，經過汆燙後，水分自體內流出，植株明顯縮小很多，古時候常有丈夫懷疑妻子偷吃而大打出手，因此稱為「打某菜」。

↑ 烹煮茼蒿時，稍微汆燙待葉片軟化即可。

　　裂葉種俗稱「山茼蒿」，市場較不常見，香氣及苦味比較重。一般以幼嫩的莖葉炒食、汆燙、煮湯，冬至時，烹煮鹹湯圓加入茼蒿可增加香味及口感。茼蒿是冬天火鍋必備的新鮮蔬菜之一，為臺灣重要的冬季蔬菜。

形態特徵

茼蒿為一年生草本植物，株高25~30公分，抽苔花莖可高達50~100公分，葉互生，無葉炳，簇生葉呈匙形或長披針形；短日照及溫暖條件下抽苔開花，花為頭狀花序，頂生，黃或白色；種子小而呈褐色，瘦果，為臺灣冬季的重要蔬菜。

分布產地

全臺各地均有栽培，包含雲林二崙、西螺、新港及彰化永靖等地。

食療資訊

茼蒿全株具有香氣，營養成分包含蛋白質、脂肪、醣類、維生素A、B、C、灰分、纖維、磷、鈣、鐵、鉀、鎂、鈉及鋅等。茼蒿性平，味甘，具有安心氣、養脾胃、消痰飲、利腸胃的功效。

選購要領

植株完整，葉無枯黃或腐爛，葉片肥厚鮮綠，未抽苔開花者最佳。

貯存要點

將茼蒿快速沖洗乾淨，接著瀝乾後裝入塑膠袋，再放置冰箱冷藏。

↑ 茼蒿花朵相當美麗，歐洲地中海地區還種植來當成觀賞花卉。

↑ 茼蒿花期約在春季。

野苦苣

Cichorium intybus

科名：菊科	英文名：Chicory、Witloof、Barbede capuchin
別名：吉康菜、野生苦苣	原產地：歐洲

盛產季節： 1 2 3 4 5 6 7 8 9 10 11 12

野苦苣原產於歐洲，臺灣在1985年由桃園區農業改良場自荷蘭引種栽培，經軟化栽培再長出白色的再生葉為「葉筍」，稱為「吉康菜」，未軟化而採收稱為「野苦苣」。野生苦苣可用大火快炒，或是切絲加入肉絲一起快炒，煮湯時可以加入食用，一般適合生吃、炒食、泡菜及煮湯等。軟化的吉康菜可料理成沙拉或泡菜食用。

↑ 野苦苣適合在冷涼的環境生長。

野苦苣具有特殊苦味，一般民眾不易接受，軟化生產費時又費工，所以現並無大量栽培。

形態特徵

野苦苣屬於多年生草本植物，株高約40~50公分，簇生葉呈綠色有苦味，根肥厚肉質，花色為藍、紫或白色。

分布產地

夏季可在梨山高冷地栽培，全臺均有零星栽培。

食療資訊

野苦苣營養成分包含維生素A、C、蛋白質、脂質、醣類、灰分、纖維、磷、鈣及鐵等。野苦苣性寒、味苦，具有清熱解毒的功效。

選購要領

選購未軟化的「野苦苣」，以葉色鮮綠，無枯萎及焦黃，青脆易斷為佳。軟化後的「吉康菜」以乳白色或黃乳色，葉片生長緊密者最佳。

貯存要點

以新鮮食用最佳，如未食用完可用報紙或密封保鮮袋包裝，再置於冰箱冷藏。

紅鳳菜 *Gynura bicolor*

科名：菊科	英文名：Gynura
別名：紫背天葵、紅菜、紅翁菜	原產地：中國、馬來西亞

盛產季節： 1 2 3 4 5 6 7 8 9 10 11 12

紅鳳菜早期自中國引進栽培，閩南話及客家話都稱為「紅菜」。臺灣品種有大葉紅梗種及小葉青梗種，紅鳳菜葉片具絨毛，易沾滿泥沙，所以清洗時需逐片清洗。因少病蟲害，以粗放栽培為主，且不需施農藥及肥料，屬於健康清潔蔬菜之一，可多多食用。

↑紅鳳菜含有豐富鐵質，具造血作用。

食用以葉片及葉梗為主，適合炒食及汆燙，利用猛火快炒，加入少許調味料，快炒2~3分鐘即可上桌。

由於紅鳳菜具有特殊味道與紫紅色汁液，許多民眾並不喜歡，以往多為農民自家栽培食用，由於有補血功效，所以近年來需求漸增，開始有大面積栽培。

形態特徵

紅鳳菜為多年生草本植物，植株高約20~40公分，葉互生有鋸齒緣，葉面綠色，葉背深紫色，先端嫩莖為主要食用部位，莖和葉柄莖呈紫色，開橙色花。

分布產地

臺灣均有生產。

→選購時以葉片完整，且無枯萎或黑色斑點為佳。

食療資訊

紅鳳菜營養成分包含蛋白質、脂肪、醣類、纖維、灰分、維生素A、B、C、磷、鈣及鐵等。紅鳳菜性涼，味甘，能清熱解毒，具消腫止血的功效。

選購要領

葉片完整，青與紫色對比明顯，無枯萎及腐爛葉，且用手即能輕易折斷最佳，購買時要去除老葉及腐葉。

貯存要點

易凍傷的蔬菜，可用報紙或棉紙包覆起來後置於冰箱冷藏，以保持新鮮。

葉萵苣 *Lactuca sativa*

科名：菊科

別名：葉萵、Ａ菜、妹仔菜、萵苣菜、鵝仔菜

英文名：Leaf lettuce

原產地：印度、中國及日本等地

盛產季節：1 2 3 4 5 6 7 8 9 10 11 12

葉萵苣原產於印度、中國及日本等地區，臺灣自古以來就有栽培，為臺灣主要葉菜類蔬菜之一，昔日農家常用來養鵝，所以稱為「鵝仔菜」。

葉萵苣品種依葉形分為尖葉與圓葉兩種。葉萵苣為葉散狀不結球，葉較薄，食用部位為嫩葉部分，以整株採收為主，生育期短，病蟲害少，可減少施農藥，生育期約25~50天，全年均可生產。

食用時先將葉片根部切除，接著葉片攤開逐一清洗乾淨即可料理。一般適合炒食、煮湯或汆燙，炒食時多加一些油可增加口感。汆燙後加入醬油及大蒜調味，都是不錯的選擇。

↑葉萵苣又稱「鵝仔菜」。

→選購時挑選葉色翠綠，無枯萎及腐爛葉片。

形態特徵

葉萵苣屬一年生草本植物，植株高約20~90公分，品種多樣，葉形多變。其葉梗短且直立，葉片具白色乳汁，葉緣平滑或呈鋸齒狀，葉狹長或寬緣，黃色花呈頭狀花序，果實為瘦果。

分布產地

產地集中在高雄梓官，雲林二崙、新港、西螺，彰化埔心，臺北新莊、板橋及蘆洲等地。

選購要領

選購以葉片完整、肥厚飽滿，葉色翠綠無枯萎及腐爛，且無斑點、不抽苔開花者為佳。

貯存要點

將葉片噴溼後利用報紙包起來，以直立方式貯存，根部朝下，放入冰箱冷藏，可保溼及不腐爛，並延長保存時間。

食療資訊

葉萵苣營養營成分包含蛋白質、脂肪、醣類、維生素A、B、C、纖維、灰分、磷、鈣及鐵等。萵苣性涼，味苦，可通經脈，促進新陳代謝，防止皮膚乾燥，白色乳汁可治腹痛。

↑ 尖葉萵苣。

↑ 葉萵苣的黃色花呈頭狀花序。

↑ 圓葉萵苣。

結球萵苣

Lactuca sativa var. *capitata*

科名：菊科	英文名：Head lettuce
別名：包心萵苣、包心妹仔菜、球萵苣	原產地：北歐、荷蘭及法國

盛產季節： 1 2 3 4 5 6 7 8 9 10 11 12

↑ 結球萵苣喜好生長在冷涼乾燥的環境。

　　結球萵苣於70年自美國引進栽培，依葉球有圓形及扁圓形，依球外葉的發育情形可分成兩大類，一為包被型——球外葉包覆葉球頂，二為抱合型——球外葉不包覆葉球頂兩種。

　　結球萵苣食用前需先去除外葉後再逐一剝片清洗。經常食用可增進血液循環與新陳代謝，並可增進產婦餵乳量。生食中可搭配在生菜沙拉、三明治、漢堡、包蝦鬆及擺盤飾，是現代人不可或缺的新鮮蔬菜。

　　臺灣的萵苣栽培原先是以葉萵苣為大宗，但隨著西方飲食習慣的引入，結球萵苣的栽培面積迅速增加，由於生長快速，病蟲害少，又耐貯藏，成為臺灣極具外銷潛力的蔬菜。

🔶 形態特徵

　　結球萵苣分為包被型及抱合型結球萵苣，包被型結球萵苣在美國最多，多作為生菜食用，其葉片光滑具有皺褶，葉球內的顏色則較外著色淺，具有乳狀汁液；花黃色；種子呈灰至淺褐色。

🔶 分布產地

　　產地集中在臺北近郊，彰化竹塘、西湖、大城、埤頭，雲林崙背、二崙、土庫、西螺及元長等地。

🔶 食療資訊

　　結球萵苣營養價值高，具有促進血液循環、安眠、利尿的功效。

↑ 食用結球萵苣有提高免疫力的功效。

選購要領

選購時以葉片完整且無病斑，葉色脆綠，葉脈扁平為最佳選擇。

貯存要點

結球萵苣放置一段時間會變成咖啡色，可先放入密封保鮮袋後再放進冰箱冷藏，以延長保存時間。

↑ 結球萵苣果實。

↑ 結球萵苣的黃色小花。

花椰菜
Brassica oleracea var. *botrytis*

科名：十字花科　　　　　英文名：Cauliflower
別名：花菜　　　　　　　原產地：歐洲地中海沿岸
盛產季節： 1 2 3 4 5 6 7 8 9 10 11 12

↑ 花椰菜含豐富纖維，是普受大家所喜愛的蔬菜之一。

　　蔬菜當中食用花部的種類並不多見，其中當然就以花椰菜和青花菜為最典型的代表。

　　花椰菜性喜冷涼乾燥環境，在臺灣冬季生產量甚大，其質地細嫩，營養又非常豐富，是一等一的優良食物，不論是炒食或煮食都非常普遍。盛產時量多吃不完，有人就會把它整理切好日晒成乾。花椰菜乾不管是用來煮湯、煮火鍋或炒食、燴扣肉，都有一種獨特的香味，是非常棒的食材。

↑ 選購時以花球顏色潔白為主。

　　花椰菜為深根性作物，栽培地宜先深耕並施入基肥。以播種繁殖，本葉5~6葉時定植，小菜蛾、夜盜蟲、蚜蟲等蟲害嚴重，要定期防治，否則難有收成。當花球發育到直徑約 5、6公分時，栽培者會就地取材將老葉折彎覆蓋花球，或利用不織布將花球包覆，以使花球軟白美觀，增加賣相。花球發育到最大，球質表面仍緊密平滑時為採收適期，採收時保留周圍7~8片葉，削短葉柄使其與花球平齊，以保護花球。

形態特徵

花椰菜乃從野生的甘藍菜變種而來，甘藍菜葉較寬闊，花椰菜的葉則呈長橢圓形，葉表被白粉呈銀綠色；花頂生，短厚密生的肉質花梗和數千個小花蕾形成一個大花球，就是我們食用的主要部位，一般為乳白色，也有紫色品種。

分布產地

主要產地在彰化、雲林、嘉義、臺南地區。

食療資訊

具有多種礦物質及維生素，可以提高免疫系統的能力、降低白內障發生率、強化心血管健康、防止高血壓、強化骨骼。

選購要領

花球顏色潔白，細緻且球面平整，無汙斑或花莖枯萎者為佳。

貯存要點

不耐長期貯存，宜新鮮食用。

↑ 利用不織布將花球包覆，以使花球軟白美觀。

↑ 花椰菜的葉呈長橢圓形。

↑ 花椰菜田。

青花菜 *Brassica oleracea* var. *italica*

科名：十字花科

英文名：Broccoli

別名：美國花菜

原產地：西歐義大利地中海沿岸地帶

盛產季節：1 2 3 4 5 6 7 8 9 10 11 12

↑ 青花菜對於癌症的預防有很好的效果。

　　青花菜和花椰菜真是花菜類裡的哥倆好，也是原產西歐沿海的野生甘藍之變種，羅馬帝國時代的義大利為原產中心，它比花椰菜的栽培歷史更早，卻比花椰菜晚受到青睞。

　　青花菜近20年來從美國爆紅，再推廣到世界各地，這是因為世人逐漸體認到選擇正確的優良食物種類來食用和健康有莫大關聯性，而青花菜在醫界和營養界所列的優良食物名單中名列前茅，是極被推崇的食物之一，因為它含有非常豐富的維生素A、C、葉酸、鐵、鈣和抗癌等成分，是目前已知含營養素密度最高的食物之一。不過值得注意的是，再好的東西也不能整天單一種類狂吃，因為青花菜含有會導致甲狀腺腫大的物質，也不宜超量攝取。

　　青花菜喜冷涼氣候，生育適溫18~23℃。幼苗期約一個月，易徒長，要注意控制氮肥的施用。青花菜著生花蕾的莖比花椰菜長，也可食用，主花蕾割取採收後，植株不用急著剷除，加強施肥等管理，還可以再採收側花蕾呢！

形態特徵

青花菜耐寒性和抗病性較花椰菜強，植株外形和花椰菜相似，但株形稍小，花球綠色。頂花蕾充分長大，各小花蕾尚未開展前為採收適期，此時必需立刻採收，否則大約3天內花朵就會陸續開放，只要有花開始開放，黃色花瓣一現身，就完全失去經濟價值。

分布產地

臺灣主要產於彰化、雲林、嘉義、臺南等地。

食療資訊

富含維生素A、C及多種礦物質，可強肝解毒、提高身體免疫力。青花菜芽含抗癌的磺胺胡蘿蔔素及硫配醣體，是極佳的健康食物。

↑ 選購時盡量挑選顏色青翠無枯黃為佳。

↑ 青花菜的花。

↑ 青花菜田。

↑ 青花菜花朵一開，即無經濟價值。

金針

Hemerocallis spp.

科名：百合科	英文名：Day lily
別名：萱草、黃花菜	原產地：中國、西伯利亞、日本

盛產季節：1 2 3 4 5 6 7 **8** 9 **10** **11** 12

↑ 金針植株。

　　金針自古即有栽種，原供觀賞，後兼藥用，到了明朝才開始作為蔬菜食用，以採收次日會開放的花蕾，約10公分長，加工乾製，多供煮湯食用，是華人特有的食用蔬菜之一。除了常見的乾製品之外，近年有採收約4~5公分長的嫩蕾，供新鮮炒食，也有將地上部遮光軟化，摘採新芽嫩葉處供炒食，稱為「碧玉筍」，價位不低，是餐廳高級菜餚。

↑ 金針菜。

　　金針田在採收十餘年後，植株逐漸老化，需以分株法繁殖，進行全園更新，才能維持旺盛之生長和開花。近年來推廣休閒農業，許多金針花田已不太採收，任由花朵綻放，滿山滿谷的耀眼金針花海，每年吸引成千上萬的人潮趕去花蓮六十石山和臺東太麻里等地欣賞。

形態特徵

金針為百合科多年生草本植物，生長適溫15~20℃，日夜溫差大的地方生長較旺盛。具地下根莖，可向側萌發新蘗，故地上部呈叢生狀。根部肥大肉質狀，耐旱力強。

分布產地

臺灣主要產地在東部坡地（臺東太麻里、花蓮富里、六十石山）和嘉義梅山。

食療資訊

金針富含維生素A、C及多種礦物質，為滋補蔬菜，能抗衰老，增強大腦機能，增強記憶力、降低膽固醇等功用。

選購要領

新鮮的金針以花苞未展開，顏色黃綠至青綠，不呈黑褐色為佳。乾燥的金針以略帶黃色具有香味，不具褐斑及霉味者為佳。

貯存要點

新鮮金針不耐貯藏，應盡速食用。乾燥的金針需裝入不透氣的塑膠袋中，並置於不照光、冷涼的地方貯存，約可達半年以上。

↑ 金針花（乾燥成品）

↑ 開放的花朵美麗有觀賞性，右邊最長的花蕾即是
　適合採收製乾用，短的花蕾適合鮮採炒食用。

↑ 太麻里金針花田。

蓮子
Nelumbo nucifera

科名：睡蓮科　　　　　　　英文名：East Indian lotus

別名：蓮心、蓮蕙　　　　　原產地：印度

盛產季節：1 2 3 4 5 6 7 8 9 10 11 12

↑ 大面積栽培的蓮花

據說蓮花是隨著佛教傳入中國，可說是一種頗富宗教色彩的植物。近年在桃園觀音鄉逐步推廣蓮花種植，目前已發展成為北部的專業栽培區，也讓北部民眾不用大老遠開車到南部「賞蓮」。

↑ 已除去蓮心的新鮮蓮子。

蓮花全株均可利用，蓮子除冰品外，可炒食、煮湯、製作甜點、包粽子等，尤其是在炎熱的夏天，來一碗冰涼的木耳蓮子湯，會讓您暑氣全消。荷葉可用來蒸飯或當粽葉使用；嫩葉的莖可作為涼拌沙拉；蓮藕除鮮食煮排骨湯或甜點外尚可加工製成蓮藕粉。

在白河，您會發現蓮花是不可或缺的重要角色，除享受美食外，又具有觀賞蓮花的樂趣。若到專業生產區，您會看到蓮子採收後，農民利用自製工具剝除硬殼，再將薄膜撕去，並以鑽子穿除蓮子心，處理過後蓮子才可煮食。「苦心蓮」是過去老人家用來形容傳統女性身心飽受煎熬的意思。據說帶有苦味的心具清新安神、降虛火、治療失眠的功效，您若有失眠困擾，不妨到中藥店買來試試。

形態特徵

蓮花為多年生宿根性水生植物，地下莖各節有葉芽，生長至一定程度才會有花芽，在節上環生鬚根；葉為圓形或盾形，全緣，葉中心為葉臍，葉脈自葉臍向四周呈放射狀排列，葉柄長1~2公尺，直立伸出水面；花莖細長，花單生，有白色、粉紅色及黃色，清晨開放，中午閉合，花朵壽命可持續3天左右；花謝後，由花托膨大形成蜂巢狀的果實，即為蓮蓬；埋藏在蓮蓬內的種子，即為「蓮子」。

分布產地

臺灣以臺南白河、桃園觀音為主要專業栽培區。各地亦有利用水田零星栽培。

食療資訊

中醫認為蓮子是滋養強壯補品，老人小孩都適宜食用，具有清心安神、益腎、補脾、止瀉等功效。

選購要領

新鮮蓮子，以整粒完整未破裂，已去除蓮心，無異味，顏色潔白為佳；乾燥的蓮子，中藥店可以買到。

貯存要點

新鮮的蓮子最好盡早食用，也可置於冰箱的冷凍庫，需要時直接取出煮食。至於乾燥的蓮子，保存期限可以很長。

↑ 蓮子就藏在蓮蓬的洞內。

↑ 未成熟和成熟的蓮蓬。

草莓 *Fragaria ananassa*

科名：薔薇科

英文名：Strawberry

別名：地楊梅、洋桑果

原產地：南美洲

盛產季節：1 2 3 4 5 6 7 8 9 10 11 12

↑ 畦面覆蓋塑膠布除具防草功能外還可避免弄髒草莓果實。

　　草莓原產於南美，由日本引進臺灣種植。性喜冷涼，因此大部分集中於北部栽培。您可以到產地親自採收，體驗「觀光果園」的採果樂，也可以就近到超市或水果攤採購。

　　草莓具養顏美容功效，因此深受女士朋友的喜愛，任何餐點只要加上草莓作料理，就變得超「吸睛」，並吸引廣大女士們的點購。草莓吃法多樣化，可鮮食、淋上果糖、巧克力或煉乳，風味更特別，也可加工製成果汁、果凍、冰淇淋、餅乾、蛋糕裝飾，甚至是草莓酒等。目前產地的農民也正積極開發相關加工產品，例如「草莓香腸」、「草莓貢丸」等，以提供消費者更不一樣的選擇。

　　草莓因不耐搬運，若碰撞或擠壓易腐爛，喪失商品價值，儘管如此，大家仍不失對草莓的喜愛，下午茶時間來個草莓蛋糕或草莓冰淇淋等甜點，享受片刻放鬆的心情，猶如少女般的夢幻，貴婦般的享受，真是幸福百分百。

形態特徵

　　草莓屬多年生草本植物，莖匍匐性，株高僅10餘公分，密生柔毛；3出葉，小葉卵圓形，葉緣為粗鋸齒狀；花白色；果實是由花托肥大而成的聚合果，果色鮮紅豔麗，酸甜多汁。

分布產地

　　以苗栗、新竹、桃園等地區最適合栽培。

食療資訊

　　草莓果實富含維他命C、蘋果酸、檸檬酸等，對人體有抗氧化、清血、利尿等作用，並可預防感冒及心血管疾病的發生。

選購要領

以果實新鮮，果大飽滿，顏色鮮紅具光澤，並有濃濃香氣者為佳。

貯存要點

果皮薄，水分多，不易貯存，宜盡早食用。

↑ 鮮豔欲滴的草莓果實。

↑ 草莓的雌花。

↑ 草莓未熟果和成熟果顏色不同。

落花生 *Arachis hypogaea*

科名：蝶形花科

別名：花生、土豆、長生果

英文名：Groundnut、Peanut

原產地：南美洲

盛產季節： 1 2 3 4 5 6 7 8 9 10 11 12

↑ 落花生植株。

　　臺灣各地只要有砂質土的地區均能發現它的蹤跡，因耐貯存，乾貨全年均有。落花生的加工製品非常多樣，有花生油、花生醬、花生糖、花生罐頭等，真是老少咸宜，任君選擇。

↑ 落花生。

　　開車經過龍潭地區，可見到大小林立的招牌，店裡裝潢新穎，賣的就是當地的名產花生糖。婦人坐月子期間如果奶水不足，可燉一鍋花生豬腳湯食用，就會有足夠的奶水分泌供應小寶寶的食糧。

　　花生的特殊香味，讓人口齒留香，百吃不厭，尤其是過年過節時家人相聚，一邊看電視、一邊剝花生往嘴裡送，那種滋味真叫人難忘。民間故事記載，落花生是因為明朝皇帝朱元璋小時候有「臭頭」，某一天在野外睡覺時，花生果實弄痛他，當時他童言童語地命令花生的果實鑽到土中，沒想到就造成現在的「落」花生。

形態特徵

落花生植株高約30~50公分，偶數羽狀複葉，小葉4枚，對生；小花黃色；豆仁膜的顏色有紅、褐及黑色。最奇特的是落花生授粉後，子房柄會向下延伸，鑽入土壤中結果莢，開花在地面上，卻在地下結果，這種情形在植物界中的確是不多見。

分布產地

主要產地集中在苗栗、雲林、花蓮及臺東等地區。

↑ 花生仁。

食療資訊

落花生熱量極高，具有凝血、止血及催乳等功效，但在高溫多溼的環境下易發霉，產生黃麴毒素，具有強烈毒性和誘發肝癌物質，若發現花生製品有發霉現象切勿食用。

選購要領

乾豆莢以清潔無斑點、結實飽滿者為佳；豆仁要飽滿有光澤，不要有破裂或發霉；煮熟的花生莢不能有黏手感，若有酸味就不新鮮了。

貯存要點

帶殼的花生如果晒得夠乾，可貯放一年半載，剝殼的花生放在乾燥通風處，可保存達一個月之久。

↓ 專業栽培的花生田。　　↑ 落花生的黃色小花。　　↑ 落花生為偶數羽狀複葉。

樹豆 *Cajanus cajan*

科名：蝶形花科

別名：木豆、柳豆、埔姜豆、番仔豆

英文名：Pigeon pea、Tree bean

原產地：原產非洲熱帶地區，在印度、澳洲等熱帶及亞熱帶地區普遍種植

盛產季節： 1 2 3 4 5 6 7 8 9 10 11 12

↑樹豆用途廣，可供食用、飼料用、綠肥等。

　　樹豆自西印度引進，臺灣以3月中旬為種植適期，向來都在山坡地的果園、路旁及田埂零星種植。

　　樹豆用途廣，可供食用、飼料、綠肥等。未成熟的種子食用方式類似毛豆，乾豆則可燉豬腳、排骨或煮湯。原住民喜歡將乾豆炒熟後泡米酒，認為是男人必備的「威而鋼」。花蓮農業改良場特將樹豆研發出鋁箔包裝的「活力養生勇士湯」，作為養生保健食品，名字取得很有原住民的味道。

　　樹豆與原住民的關係密不可分，在花蓮縣馬太鞍部落被當地阿美族人視為吉祥之物，他們認為樹豆可以驅邪，因此以樹豆之名「vataan」為「馬太鞍」部落命名。藉由民宿及美食的發展，樹豆的知名度正悄悄地升溫中，尤其是在樹豆開花的季節，宛如一片黃金花海，規劃來一趟花東之旅，除視覺的驚豔外，還會挑動您的味蕾，您可以享受一道道美味的樹豆料理，如樹豆紫米飯、樹豆野菜湯、樹豆奶酪等，這是長久居住在西部的同胞，雖不熟悉但也不可錯過的美味料理。

形態特徵

樹豆株高1~3公尺，全株有灰白色細毛；三出複葉，小葉狹長形；花腋生，蝶形花冠，橙黃或黃色；莢果長橢圓形，外被粗毛；種子近圓形，有黃、灰白、紅褐等色，因山地原住民種植面積較多，故有「番仔豆」別稱。樹豆擁有耐旱、耐貧瘠的特性，種在哪裡都會活得很好，好比原住民堅毅不拔的韌性。

分布產地

主要產地在高雄、屏東、臺東、花蓮等山區。

食療資訊

樹豆有清熱解毒、補中益氣、利水消食、止血止痢、散瘀止痛，能治腳氣水腫、便血、黃疸型肝炎、膀胱或腎臟發炎、結石等症狀。

選購要領

以豆粒飽滿、無蛀蟲、堅硬結實、種皮無皺縮者為佳。

貯存要點

乾豆可保存多年而不容易壞，保存方式與其他豆類相同。鮮豆可暫存冰箱，但仍宜趁鮮食用。

↑ 樹豆開花時會形成整片黃色的花海。

↑ 樹豆的蝶形花冠為橙黃色或黃色。

↑ 樹豆為三出複葉，小葉狹長形。

白鳳豆　*Canavalia ensiformis*

科名：蝶形花科

別名：矮性刀豆、洋刀豆、立刀豆

英文名：Sword bean、Jack bean

原產地：熱帶美洲

盛產季節： 1 2 3 4 5 6 **7** 8 **9** 10 11 12

↑ 白鳳豆植株。

　　白鳳豆曾在40~50年代有栽培，全年均能種植。但因種子有毒，利用並不廣泛，栽培面積又少，最後逐漸被遺忘，只有在農業相關單位或學校有種植，目的是供研究利用或標本識別。直到前臺北醫學院院長董大成教授，在1997年研究並發表白鳳豆與抗癌作用的相關論文，才讓白鳳豆再度重現江湖。

　　在中國與臺灣所見的白鳳豆均是栽培種，本草綱目及其他本草典籍均有記載，豆子本身不但可藥用，豆莢及根亦可入藥。白鳳豆曾有段時間引起一股旋風，連月餅內餡也曾以此為食材，目前市面上有販售標榜根據董教授研究所研發的白鳳豆錠劑，癌症患者可食用，為了慎重起見，服用前請先聽聽醫師的意見。

　　您注意到了嗎？白鳳豆英文名字叫作傑克豆（Jack bean），竟和童話故事中那棵可以長到雲端之上的神奇魔豆同名耶！不知這是不是正意味著白鳳豆也具有神奇的魔力呢？

形態特徵

　　白鳳豆植株直立性，葉互生，三出複葉；花腋生，紫色；莢果扁平，長約20~30公分；種子白色，種臍較短，約種子長度的一半。種子含有Canavalin的毒素HCN，食用後會中毒，引起嘔吐、腹瀉，因此為避免中毒必須先將種子煮熟後，再浸水約2~3小時，並剎除豆皮才能安心食用。

選購要領

鮮豆莢以幼嫩，完整飽滿，新鮮翠綠為佳，乾豆在一般的食品材料行可買到。

貯存要點

嫩豆宜盡早鮮食，或置於冰箱冷藏。乾豆要放在乾燥通風處貯存。

分布產地

　　臺灣南部、臺東山間有零星的野生生長。

食療資訊

　　根據現代醫學研究，白鳳豆含有尿素酶、血球凝集素，能增強人體免疫力，抑制癌細胞生長，具有抗腫瘤的作用，然卻不可直接煮食，以免中毒。

↑白鳳豆的花。

↑白鳳豆的長莢果。

鵲豆 *Dolichos lablab*

科名：蝶形花科　　　　　　　　　英文名：Lablab、Hyacinth bean

別名：肉豆、白扁豆、蛾眉豆　　　原產地：印度爪哇

盛產季節： 1 2 3 4 5 6 7 8 9 10 11 12

↑ 白色種鵲豆開花及結莢。

　　鵲豆原產印度，臺灣早期由中國華南引進，由於繁殖能力超強，產量又高，在鄉間隨處可見，反倒不易在市場上看到。

　　幼嫩的果莢可供作蔬菜食用，並具有綠肥、蔭棚觀賞植物、藥用或飼料等用途。研究發現，豆莢中含有一種毒蛋白及溶血性皂素，須充分煮熟才可食用，否則會引起中毒反應，因此一般都要炒過才能當藥材使用。

　　鵲豆的嫩莢悶炒或煮湯後會具有特殊的味道，並不是每個人都喜歡，大概也因為如此，鵲豆在豆類家族中，雖然生性強健，刻苦耐勞，卻不怎麼討喜。民間有句俚語「種一叢肉豆，卡贏過三個女兒」，這可是有典故的喔！意思是說，有位老母親在中午時間分別到三個女兒家中，女兒們各自都以為母親已經吃飽，無人過問，卻讓這位老母親過午未食，只好回家採摘門前的「肉豆」自行煮食填飽肚子。看來女兒們要檢討了，對於這位老母親而言，養了三個女兒竟不如一叢「肉豆」呀！

態特徵

鵲豆有矮性或蔓性品種，臺灣栽培以蔓性品種為主。屬於多年生纏繞草本，葉互生，三出複葉，小葉卵形；花腋生，蝶形花冠，有白、淡紫和紫紅色；種子扁圓形，每一果莢內種子約4~6粒。

分布產地

臺灣現無專業栽培區，各地零星栽種或野地生長。

食療資訊

中醫認為鵲豆有健脾和中，消暑解毒、除溼止瀉等功效，適用於治療脾胃虛熱、口渴煩燥、婦女白帶等症，還適用於解酒毒和糖尿病等。

選購要領

以豆莢幼嫩，完整肥厚，果莢顏色新鮮亮麗，豆粒不凸起者為採收最佳時間。

貯存要點

大都在自家門前栽種，嫩莢都是現採現煮，不耐貯藏，要趁早食用。

↑ 白色種鵲豆的花。

↑ 紅色種鵲豆的花。

↑ 紅色種鵲豆植珠。

黃豆 *Glycine max*

科名：蝶形花科	英文名：Vegetable soy bean
別名：大豆、毛豆	原產地：中國

盛產季節： 1 2 3 **4** **5** 6 **7** 8 9 **10** **11** **12**

↑田間栽培的黃豆。

黃豆於臺灣栽培歷史已久，鮮豆莢主要以內銷為主，乾黃豆全年均可買到，因需求量大，現大多仰賴進口。

黃豆因採收時間不同而使得名稱有所差異；在果莢發育至八分飽滿，豆仁尚未黃熟前採收，此時因果莢外密生絨毛，因而叫做「毛豆」。果莢完全成熟才採收

↑黃豆。

的就叫做大豆或黃豆。傳至日本後，整株連枝帶莢煮食，故有「枝豆」之名，據說在江戶時代，黃豆被當作庶民的美味零食，甚至邊走邊吃，簡直就是當時的速食零食。現在您弄清楚黃豆、大豆、毛豆名稱雖不同，其實所指的卻是同一種豆了嗎？

黃豆用途廣泛，乾豆可用來製作豆腐、豆漿、沙拉油及加工製作成素食的豆類食品。鮮豆莢調味後可當休閒或下酒的小菜——毛豆，您是否有留意到毛豆果莢內的豆仁很少有超過3粒以上的，那是因為這些高檔貨都外銷到日本了。

形態特徵

　　黃豆株高50~70公分，莖葉密生絨毛，葉互生，由3片小葉組成；花白色或紫色；果莢幼嫩期為鮮綠色，成熟果莢呈黃色或褐色，內有種子2~4粒，嫩豆為綠色，成熟種子為黃色，豆臍有綠、白、淡黃或褐色。

分布產地

　　臺灣各地均有零星栽培，大面積栽培主要集中在屏東的里港和鹽埔。

食療資訊

　　黃豆營養價值高，其中磷、鐵的含量高，中醫認為可治貧血、腳氣病。須注意的是，痛風及尿酸濃度高的患者不宜多吃。

選購要領

鮮豆莢以莢形大、飽滿鮮綠、莢毛少、不泛黃、不腐爛為佳。豆仁則選豆粒飽滿，新鮮無異味且未泡過水者為宜。

貯存要點

鮮豆莢不宜久放，最好是當天調理食用才能維持風味。乾豆仁則裝於密封罐內，放置通風乾燥之處。

↑ 未成熟的綠色果莢就是毛豆。

↑ 黃熟果莢裡的種子就是黃豆。

↑ 黃豆植株。

黑豆 *Glycine max*

科名：蝶形花科　　　　　英文名：Soya bean

別名：烏豆、黑大豆、枝仔豆　原產地：中國東北

盛產季節： 1 2 3 4 5 6 7 8 9 10 11 12

↑ 田間栽培的黑豆。

　　黑豆早期由中國引進臺灣栽培，黑豆和大豆屬於同一類，因此又稱「黑大豆」，其最大優點是容易取得且價格廉美，據說每天只要吃上30公克，持之以恆，既能滿足人體對蛋白質的需求，又有保健、防老抗衰、延年益壽的功用。

　　黑豆植株早期作為綠肥使用，乾豆可用來釀造醬油、做黑豆漿或泡黑豆酒，是一種天然的防老抗衰食物，具有醫療、食療特殊功能。據分析其蛋白質含量比肉類、雞蛋、牛奶還要高，氨基酸含量亦豐富，含不飽和脂肪酸，有降低血液中膽固醇的作用。

　　有一陣子流行生吞黑豆養生，由於整顆生黑豆很難被腸胃消化吸收，易造成脹氣，因此人體最後會將整顆黑豆排出體外。生吞黑豆養生是民間的偏方，目前尚未經過醫學界的研究證實，因此嘗試之前要先考量個人的體質及身體狀況，以免弄巧成拙。

形態特徵

　　黑豆有矮性或蔓性，株高約40~80公分，根部含有多量根瘤菌；葉互生，三出複葉，小葉卵形或橢圓形；花腋生，蝶形花冠，花白色或紫色；莢果彎刀形，有褐、淺黃或黑色，每莢有種子2~3粒；種皮黑色有光澤，子葉有黃色或綠色。

分布產地

　　主要產地集中在雲林、臺南、高雄、屏東、花蓮等地區。

食療資訊

　　根據中醫理論，黑色屬水，水走腎，所以黑豆入腎功能多，人的衰老往往先從腎機能顯現，想要延年益壽、防老抗衰，增強活力、精力，必須先從補腎做起。

選購要領

以豆粒光滑飽滿，種皮深黑色，無蛀蟲者為佳。

貯存要點

買回來的乾豆，貯存時可放入密封罐內，置於乾燥通風處，可放半年之久。

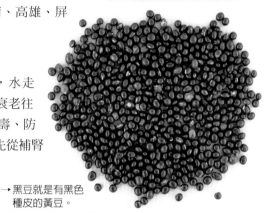

→黑豆就是有黑色種皮的黃豆。

↑ 黑豆結莢。

↑ 黑豆植株。

花豆 *Phaseolus coccineus* var. *albonanus*

科名：蝶形花科	英文名：White dutch runner bean
別名：紅花豆、花柳豆、花仔豆	原產地：中南美洲

盛產季節：1 2 3 4 5 6 7 8 9 10 11 12

↑ 花豆的植株。

　　花豆原產中南美洲，日治時期引進臺灣，本地的農民通常利用8~9月的第二期水稻收割後，至隔年第一期水稻插秧前種植。

　　花豆是高澱粉、高蛋白質、無脂肪的保健食品，最為神奇的是花豆能把各種肉類中的脂肪降低，實為煲湯佳品，而當中所含的鈣對孕婦而言，能改善令人痛苦的腿部痙攣症狀，在民間享有「豆中之王」的美稱，是豆中珍品。

　　粉粉甜甜的質地，是花豆令人著迷之處，可用作糕餅的餡料，同時也是夏天挫冰的最佳配料。在墨西哥菜中花豆也常露臉，就連「挫冰舞」也被帶到墨西哥流行，目前已被視為新一代的健康操，大人小孩都喜歡。值得注意的是，花豆種仁含豐富的蛋白質、澱粉質及醣類，屬高熱量食物，如果您目前正計畫要減重，那麼就請和花豆保持一點距離比較好。

形 態特徵

　　花豆株高30~50公分，為矮性植物，葉互生，三出複葉，小葉心形；花腋生，蝶形花冠；莢果長刀形，種子腎形，外表有紫紅或紅色花紋。由於花豆表皮堅硬，久煮不爛，因此乾花豆用水洗淨後，可加水浸泡一晚，待浸軟、瀝乾後即可用來烹調成各式料理；如果是現採的新鮮花豆，則免去泡水過程即可直接煮食。

分 布產地

　　主要產地以雲林、屏東為主。

食 療資訊

　　具有健脾壯腎、增強食慾、抗風溼作用，對高血壓、糖尿病、動脈硬化有食療作用。

↑ 花豆。

選購要領

以表皮帶有光澤、豆身大且飽滿、結實堅硬、色澤優良、並有白色或紅斑點者為佳。

貯存要點

將花豆放入密封罐中，並放在乾燥、陰涼、通風處，避免陽光直射，也可擺放於冰箱冷藏，但記得要盡早食用完畢。

←冬季水稻收割後利用空檔時間栽培花豆。

萊豆

Phaseolus limensis（大粒種）
Phaseolus lunatus（小粒種）

科名：蝶形花科　　　　　　　　　英文名：Lima bean、Duffin bean
別名：皇帝豆、白扁豆　　　　　　　原產地：熱帶美洲
盛產季節： 1 2 3 4 5 6 7 8 9 10 11 12

↑ 萊豆的棚架栽培。

　　萊豆因豆粒大，風味香甜，因而得名「皇帝豆」。名字聽起來雖然有點官味，但實際上萊豆卻很平民化，種植也很容易，鄉下農家都會在院子裡搭個棚架種植，就可以等著採收了。

　　豆仁可炒食、煮排骨湯或滷肉，鬆軟的口感極適合老人家和小孩食用，也兼具豐富營養，是不錯的食材選擇。如果一時無法食用完畢，可將豆仁用塑膠袋包好置於冷凍庫，需要時不必解凍即可直接煮食，也不失為一種好方法，您不妨試試。

　　一般市場上販賣的都是已剝除外莢的豆仁，很少連外莢一起販賣的。除非是自家或左鄰右舍有種植，否則很少人看到它懸掛在棚架上的模樣。下回有機會看到時，您可要記清楚它的長相，因為它「皇帝豆」的名字可不是浪得虛名呀！

形態特徵

萊豆有矮性或蔓性品種，葉互生，三出複葉，先端尖；花腋生，白色；莢果扁平，種子短腎臟形，顏色有白、紅色或褐色斑紋。

分布產地

各地均有零星栽培，專業栽培在麻豆、大社、旗山、屏東等地。

食療資訊

萊豆含多種礦物質，其中鐵的含量是所有豆類中第一名，具造血和補血功能，並含有大量的鋅，常吃能健腦、降低膽固醇、預防攝護腺腫大。

選購要領

挑選豆仁較肥胖，種皮顏色較鮮豔、斑紋明顯者，其口感也愈鬆軟。

貯存要點

貯藏時，置於冰箱有2~3天的保鮮期，若時間過長，易發芽，種皮也會產生黏液，喪失鮮度。

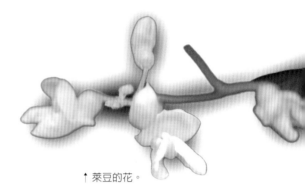

↑ 萊豆的花。

↑ 萊豆的種仁。

↑ 萊豆的三出複葉。

↑ 萊豆因豆粒大，因而得名「皇帝豆」。

四季豆 *Phaseolus vulgaris*

科名：蝶形花科

別名：敏豆、菜豆、雲豆、白雲豆

英文名：Snap bean、Kidney bean

原產地：熱帶美洲

盛產季節： 1 2 3 4 5 6 7 8 9 10 11 12

↑ 四季豆的植株。

　　四季豆原產熱帶美洲，早期臺灣引進蔓性品種，後來才引進矮性品種。臺灣各地均有零星栽培，全年均有生產，但夏季則以高冷地生產為主。

　　四季豆原名為菜豆，巧的是長長的豇豆，閩南話也稱為「菜豆」，雖同名卻是指不同的豆類，真讓人有些錯亂，為了統一稱呼，花了一段時間，才讓閩南話稱四季豆為「敏豆」，總算結束這場混亂，現在才好辨識兩者。

　　四季豆蔓性品種需立支架使其攀緣，採相對交叉式，支架完成後，構成鄉野美麗的景觀，但因做工耗時費力，現已改由尼龍繩網替代。四季豆在鹽酥雞、滷味攤都很受歡迎。其嫩莢可供鮮銷或製罐冷凍外銷，品種另有專門採收乾豆供製糖豆的長鵪豆。四季豆生命力強，鄉下農民隨手搭個棚架，結果期每天都可以採收，栽培過程中少施農藥，因此可吃得安心又健康。

形態特徵

　　四季豆有矮性、蔓性及半蔓性品種，矮性品種株高約40~60公分，可直立生長，適合機械採收。蔓性品種莖纏繞性，無卷鬚，須立支柱供莖蔓攀緣；葉互生，三出複葉，小葉心狀闊卵形；花腋生，著花2~4對，蝶形花冠，有黃、白、紫等色；莢果長條形，嫩莢有綠、紫紅或花斑等色；種子腎形或卵形，有白、黃褐、紅、黑或花斑等色。

分布產地

　　臺灣大面積的專業栽培集中在西螺、埤頭、崙背、路竹、里港、九如等地。

食療資訊

　　四季豆含大量鐵質，具有造血、補血作用，炒煮時湯色常呈黑褐色，這是鐵質氧化現象，最好連湯一起食用。患有腳氣病者，可經常以四季豆佐餐，頗具療效。豆莢含粗纖維多，便秘患者多量食用，可促使腸道通暢。

選購要領

以豆莢光澤富彈性，豆仁不飽滿凸顯者，豆莢才會脆嫩好吃。

貯存要點

買回來的四季豆，置於常溫或冷藏，可貯存約2~3天的時間。

↑ 選購時以豆莢光澤富彈性為佳。

↑ 四季豆的果實。

豌豆 *Pisum sativum*

科名：蝶形花科　　　　　　　英文名：Pea、Garden pea
別名：荷蘭豆、荷蓮豆　　　　原產地：印度、中國等熱帶及亞熱帶地區
盛產季節： 1 2 3 4 5 6 7 8 9 10 11 12

↑ 剛定植田間的豌豆幼苗。

↑ 豌豆的果莢。

　　相傳豌豆在漢代張騫出使西域時傳入中國。臺灣豌豆種植是由荷蘭人引進，因此才有「荷蘭豆」的別名。豌豆喜好冷涼乾燥的氣候，生育適溫為15~20℃。農民在二期稻作採收後進行水田裡作糊仔栽培，因此在過年期間到市場上常會見到有人販賣豌豆莢或豆仁。若是夏季時在市場或餐館能吃到豌豆莢，那肯定是由高冷地所生產。另有一種革命性新品種「秀珍」，兼具嫩莢和青豆的用途，選購時以果莢愈飽滿愈好。想當年孟德爾就是選擇豌豆作為遺傳法則的實驗材料，才有如今相關的科學研究喔！

　　利用豌豆種子以人工培育發芽而食用者稱為豌豆芽；採摘嫩莖蔓而食用者稱為豌豆苗，二者常讓人混淆不清。豌豆利用方式多樣，嫩莢、嫩豆、豆芽和嫩梢均可作蔬菜，也可冷凍或加工製罐，長久貯藏。乾豆則利用在糕餅原料、飼料甚至是休閒食品。因需求量大，每年仍會由國外進口，以補不足。

　　豆莢類保鮮較容易，過年期間，賢慧的主婦媽媽們不妨趁價格便宜時，多買些放在冰箱裡，貯存3~5天都不成問題，宴客或自用兩相宜，只要加些蝦仁、花枝、胡蘿蔔絲或蒜苗爆炒，就是餐桌上非常上相的佳餚喔！

形態特徵

　　豌豆依花色可分為白花及紫花兩系，蔬菜用者可分為鮮食用的軟莢類和加工用的硬莢類。植株有蔓性和矮性，莖有卷鬚；根有根瘤具固氮作用；葉互生，羽狀複葉，被蠟粉；莢果扁平彎曲，種子有光滑和皺縮兩種，花腋生，總狀花序，蝶形花冠，花朵就像蝴蝶展翅般盛開，讓寒冬中蕭瑟的稻田憑添幾分顏色。

分布產地

　　臺灣各地均有栽培，主要產地集中在彰化的溪湖、永靖，雲林的崙背、元長，嘉義的太保、新港等地。

食療資訊

　　中國醫學認為豌豆有中和益氣、理脾胃、利溼等功效，豌豆仁一次不宜食用過量，否則易造成腸脹氣。現代藥學則認為，常吃豌豆能養顏美容，增強人體免疫力。

選購要領

食用豌豆莢的形態宜扁，約食指長，豆莢裡豆仁還不太成熟時的最好吃；食用豌豆仁則以豆粒大，色澤濃綠者為佳。

貯存要點

豌豆若採買太多可先用報紙包裹後再置於塑膠袋內，放在冰箱裡冷藏約可保存一周左右。青豆仁亦可冷凍，無須退冰可直接煮食。

←豌豆苗就是採收豌豆植株的莖頂端部位。

↑豌豆植株。

↑秀珍豌豆可食用嫩莢或青豆仁。

翼豆
Psophocarpus tetragonolobus

科名：蝶形花科　　　　　　　英文名：Goa bean、Winged bean
別名：四角豆、四稜豆、翅豆、楊桃豆　原產地：熱帶印度和東南亞
盛產季節： 1 2 3 4 5 6 7 8 9 10 11 12

↑ 翼豆果實切片清炒質地很脆。

　　臺灣在1975年由亞洲蔬菜中心引入翼豆試種成功，當時推廣成效不佳，以致食用不普遍，至今仍無大面積專業生產。目前僅在鄉下的農家會見到院子旁栽植幾株翼豆，在市場上看不到它的蹤跡，因此大部分都是自行栽種，現採現煮，若想要品嚐翼豆，就要看您的機緣了。

　　早在民國80年左右，嘉南地區的餐廳業者，曾想將此奇特的蔬菜推廣至餐點目錄上，當時費了一番功夫，卻不受消費者青睞，因而放棄。其實只要將嫩豆莢，加點薑絲清炒，或切成斜片加薑絲、肉絲及沙茶醬拌炒，吃起來脆脆的，味道不錯。嫩葉尚可做湯，塊根可炒食還可加工製成澱粉，是目前世界上含蛋白質最高的塊根作物，成為高蛋白糧食的新資源。乾豆粒可榨油、烘烤食用，或孵嫩豆芽來炒食也別具風味。種子的營養價值可與大豆媲美，因此在熱帶地區有「綠色金子」之稱。除食用外亦可作為綠肥、牲畜類飼料等用途，頗具開發潛力。

形態特徵

　　翼豆莖蔓生，纏繞生長，色綠，在潮溼環境中，莖節易發生不定根；葉互生、三出複葉，小葉卵圓形；花腋生、總狀花序、花紫色或藍白色、蝶形花冠；莢果有四翼，故得名；種子橢圓形。嫩豆莢、塊根、種子、花、嫩葉均可供食用，為豆科植物中利用價值最高的。

分布產地

　　臺灣各地區都有零星栽培。

食療資訊

　　翼豆的營養價值甚高，是健康的營養蔬菜，可促進腦力、牙齒及骨骼發育，並可幫助消化、防止便秘。

選購要領

嫩莢顏色宜淡綠，易折斷，豆粒未飽滿，果稜的粗絲未老化者為佳。

貯存要點

如果一時吃不完，可用塑膠袋裝著放在冰箱冷藏，但不宜冰太久，否則果莢會變黑，喪失風味。

↑ 長得很像楊桃的翼豆果實。

↑ 翼豆為豆科植物中利用價值最高的。

蠶豆 *Vicia faba*

科名：蝶形花科

別名：胡豆、馬齒豆、羅漢豆、佛豆

英文名：Broad bean

原產地：亞洲西南部、非洲北部、地中海東岸一帶

盛產季節：1 2 3 4 5 6 7 8 9 10 11 12

↑ 蠶豆的開花植株。

　　蠶豆是張騫出使西域時傳入中國，故有「胡豆」之名。早期雲林北港產量最多，近年被澳洲進口的蠶豆所取代，因此農民種植意願低落。

　　蠶豆用途廣，可製醬油、蔬菜、飼料、綠肥和蜜源植物，全株均有藥用效果。新鮮的豆粒可以煮湯、炒食，風味頗似萊豆（皇帝豆），種子可孵「蠶豆芽」當作芽菜，同時也是有名的休閒點心「蠶豆酥」。常聽到的蠶豆症是一種先天的代謝疾病，患者吃了蠶豆或吸入花粉後會引起紅血球大量破壞，發生溶血性貧血，因此要格外小心才是。

　　蠶豆是雲林北港的著名名產，來到北港就可看到馬路兩旁林立的商店裡陳列著各式各樣的蠶豆產品。據說早期沿海地區的居民大多種植蠶豆，因蠶豆含有酪氨酸很容易氧化變黑，所以小朋友幫忙剝豆莢時會被染成「黑手」，而大人便也依此判斷哪個小孩比較認真。小時候看著大人總喜歡吃硬殼蠶豆，不解這個硬到不行的豆子到底有何魔力，可以讓這些大人甘願冒著斷牙的危險與之搏鬥呢？

形態特徵

蠶豆株高60~120公分，莖四方形，中空；偶數羽狀複葉，小葉長橢圓形，頂端小葉退化呈尖刺狀，托葉大，有蜜腺；花腋生，蝶形花冠，白色或淺粉紅色，具紫褐色斑紋，翼瓣中央的基部有一紫黑色斑，柱頭密生絨毛，有利於授粉；莢果長圓形，外被細絨毛；種子腎形扁平，種皮顏色黃、褐青色，種臍色黑或無。因豆莢形似老蠶，故名「蠶豆」。

分布產地

專業產區在中北部仍可看到，其餘則屬家庭趣味栽培或試驗單位的研究栽培。

食療資訊

中醫認為蠶豆有益氣、健脾、利溼等功效，可治水腫、腳氣、脾虛等症狀。

↑蠶豆酥。

↑蠶豆的植株。

↑蠶豆的果實。

↑蠶豆的花。

紅豆 *Vigna angularis*

科名：蝶形花科　　　　　　　　英文名：Small redbean、Adzuki bean
別名：小豆、赤小豆、赤豆、紅小豆　　原產地：東亞溫帶及中國
盛產季節： 1 2 3 4 5 6 7 8 9 10 11 12

↑ 紅豆株高約30~70公分，三出複葉。

　　紅豆早期引進臺灣大多栽培於山地，外銷日本成功後，其栽培面積劇增，近年受到中國紅豆外銷日本的影響，本地紅豆外銷量已日趨減少，至今已無外銷。臺灣各地均有零星栽培，以供應國內市場需要為主。

　　紅豆是東方人不可缺少的食物，每逢年節喜慶時都會被用來作為吉利的象徵。主要用途以甜食為主，如豆餡、豆沙、蜜紅豆、紅豆湯、紅豆罐頭、羊羹、及紅豆冰等多樣化的食品。據說還有補血的作用，女性同胞可多吃。若是在嚴寒的冬天，來碗熱騰騰的紅豆加地瓜湯，會有一股暖流上心頭。

　　王維有首詩「紅豆生南國，春來發幾枝，願君多採擷，此物最相思」，讓紅豆成了「相思」的代名詞，您或許會以為古今這兩種紅豆是相同的，那就真的誤會大了。其實詩中的紅豆是指孔雀豆的種子，大多作為飾品，有毒不可食用，雖然如此，仍不減大家對「相思豆」的相思情懷。

形態特徵

紅豆株高約30~70公分，三出複葉，劍形或卵形；蝶形花冠，黃白色；莢果長圓筒形，成熟時為黃褐色；種子赤紅色。紅豆的利用一般以乾豆為主，脫粒晒乾後的種子，因含水量低，可保存二年之久，但要注意環境避免蛀蟲危害。

分布產地

專業栽培以高屏地區及臺南為主。

食療資訊

紅豆含有蛋白質、醣類、多種礦物元素、賴氨酸、維生素 B、皂鹼（saponin）等，堪稱為健康食品。具有消腫解毒、去溼利尿的作用，對腳氣病、水腫有療效，對於痛風患者建議不要長期食用。

選購要領

以顆粒大、飽滿光滑、暗紅色無皺縮、無蟲蛀、完整不破碎為佳。

貯存要點

市面上販賣的小包裝紅豆，可放在密封罐內貯存。

↑ 紅豆的種子。

↑ 田間栽培的紅豆。

↑ 紅豆的結果植株。

綠豆 *Vigna radiata*

科名：蝶形花科

別名：綠小豆、輻莢豇豆

英文名：Mungbean、Green gram

原產地：印度及中國南部

盛產季節： 1 2 3 4 5 6 7 8 9 10 11 12

↑ 綠豆的植株。

　　綠豆的好處早已深植人心，也是家庭必備的消暑食品，在盛夏多喝綠豆湯，不僅能補充營養，而且可防止中暑及各種瘡癤膿腫，並對腎炎、糖尿病、高血壓等症狀也有預防效果，無怪乎要稱綠豆為「食中要物」、「菜中佳品」。

　　綠豆可說全身是寶，除食用豆粒之外，最常食用的是綠豆芽，也是小朋友的最愛。若您對人工專業培育的綠豆芽有農藥或殺草劑疑慮，也可以試著在家孵豆芽，那就絕對健康又安全。不過您自行孵的豆芽外表會是矮胖短腳，與市面上細長白嫩的綠豆芽差異懸殊，這時不要覺得奇怪，這是正常的，因為沒有任何對身體有負擔的添加物，您可放心食用。

　　綠豆還可以煮湯、煮粥、作糕餅、豆沙、冬粉等用途。中秋節時，一粒粒圓鼓鼓的綠豆椪，忍不住想咬一口；盛夏時，喝一杯現打的綠豆沙，還真是清涼又退火，任誰也無法拒絕的誘惑。

形態特徵

　　綠豆乃自中國華南引進栽培，植株高約30~70公分，稍有匍匐性，三出複葉，卵形或心形；花腋生，黃色或淺黃色，蝶形花冠；莢果，成熟時由綠轉為黑褐色；種子綠色。

分布產地

　　臺灣產地集中在雲林、嘉義、臺南、屏東等縣。

↑綠豆芽。

食療資訊

　　中醫認為綠豆營養價值高，有蛋白質、鈣、鐵、硫胺素、核黃素、磷等，具有清熱、消暑、利水、解毒功效。

→綠豆的種子。

↑紅豆（左）和綠豆（右）的小苗。

菜豆

Vigna sesquipedalis（長菜豆）
Vigna sinensis（短菜豆）

科名：蝶形花科	英文名：Asparagus bean、Yard-long bean
別名：豇豆、長豆	原產地：熱帶印度

盛產季節： 1 2 3 4 **5 6 7 8 9 10** 11 12

↑用竹架方式的菜豆專業栽培。

　　菜豆生性強健，在臺灣栽培普遍，除專業產區外各地均有零星栽培，受喜愛的程度不差，目前已成為夏季餐桌上的家常菜。

　　市場上常看到有人販賣自家種的菜豆，不管如何，要分辨豆莢類的老嫩有個通則，就是豆仁不可凸出，否則就老化不好吃了，只要參照這個原則，買回家的豆子通常都會很新鮮。

　　夏季天氣熱，食慾較差，老人家總喜歡用菜豆煮粥，加點碎肉、蝦米及蔥花，撒上一把胡椒後趁熱吃，或是放涼後食用，也不失口感，難怪深受老人家的喜愛。另外，將菜豆汆燙、冰鎮，再沾點蒜蓉醬油，在炎熱的夏天裡食用，包準會讓您胃口大開。

　　常聽老人家說：「吃豆、吃豆，吃到老老。」看來想要延年益壽就要多吃點菜豆，也難怪在端午節這個重要的民間節日，大家要一起吃菜豆！

形態特徵

菜豆有矮性、蔓性和半蔓性品種，葉互生，三出複葉，先端尖；花腋生，蝶形花冠，白或淡紫色；莢果長圓筒形，下垂，每花序結2個莢果，果莢顏色有白、綠或紫紅色；種子腎臟形。

分布產地

專業栽培以中南部為主，集中在永靖、西螺、民雄、太保、九如、萬丹等地區。

食療資訊

菜豆含有豐富的纖維質及維生素，中醫認為可以健脾胃，多吃無妨。

選購要領

要挑豆莢細長而脆嫩，豆粒不凸起且容易折斷者為佳。

貯存要點

折斷後除去粗絲，放入冰箱內可冷藏1~2天，若過熟又冷藏，就會老化走仁，失去鮮度。

↑ 綠色品種的菜豆。

↑ 白色品種的菜豆。

↑ 菜豆每個花序都會結二個果莢。

↑ 長在路旁的菜豆結實纍纍。

米豆 *Vigna umbellata*

科名：蝶形花科	英文名：Rice bean
別名：飯豆、蛋白豆、赤山豆、緻形豇豆、精米豆、爬山豆	原產地：中國、泰國、緬甸、斯里蘭卡等熱帶地區

盛產季節： 1 2 3 4 5 6 7 8 9 10 11 12

↑ 米豆的植株。

米豆早期是由中國引進臺灣栽培，當時婦女會將米豆和米加在一起煮飯或粥，營養豐富又美味，因此得名「米豆」。

新鮮的米豆在市場不多見，乾豆可在一般的米店或量販店買到。米豆用途廣，嫩豆及嫩葉可當蔬菜吃，乾豆可加工做成「豆簽」，植株也可以當綠肥或青飼料用，貢獻頗大。

當媽媽們為了不吃米飯的小朋友傷腦筋時，偶爾也可變化一下口味，以米豆替代米食。烹煮方式為將米豆洗淨，浸泡4小時後再連同白米一併倒入電鍋煮熟，米豆吃起來的味道有點類似紅豆，鬆鬆軟軟的口感，小朋友應該會喜歡。此外，媽媽們也可以將米豆做成甜點、煮排骨湯或包在粽子裡當肉餡，特殊口感可用來征服老公及小孩的味蕾。

形 態特徵

　　米豆株高40~90公分，根系強大；莖綠色或紫紅色；葉對生，三出複葉，小葉卵狀菱形，頂端漸尖，全緣或淺3裂；花腋生，小花黃色，早晨開放，午後凋萎；果莢細長，稍彎曲似鐮刀狀，每莢含種子6~10粒；種子腎形，黃褐色，兩端圓，下凹處的種臍為白色，周邊為黑或褐色。

分 布產地

　　主要產地在高雄、屏東。

食 療資訊

　　據現代營養分析，米豆含豐富蛋白質、醣類、維生素B_1及鉀、磷、鋅等礦物質，對於人體的循環系統、神經及肌肉具有保健功能，還可預防前列腺癌。

→中央白色，周圍黑色部位為米豆的種臍。

↑米豆的果莢細長，稍彎曲似鐮刀狀。

↑米豆的果莢。

黃秋葵 *Hibiscus esculentus*

科名：錦葵科　　　　　　　英文名：Okra、Lady's finger
別名：秋葵、羊角豆　　　　原產地：非洲東北部
盛產季節： 1 2 3 4 **5 6 7 8 9 10** 11 12

↑ 黃秋葵植株密生細毛。

　　臺灣早年即引進黃秋葵栽培，卻因未受大眾喜愛，僅少數地區零星栽培，直到日本料理在臺灣盛行後，才開始受到注目。

　　黃秋葵煮熟後所具有的黏滑感，很多人都不喜歡，也讓同樣具有滑質黏液的納豆和山藥受到連累，殊不知黏稠的成分是屬於多醣體，具有保溼的作用，難怪日本人視為滋補強壯的珍饌。食用時將黃秋葵汆燙後加上柴魚及醬油涼拌，是吃日式料理時必點的菜色，既可顧胃又可壯陽，在盛產季節可多加食用。栽培過程中少病蟲害，不須噴藥管理，現代人注重生機飲食，黃秋葵一定可以符合安全蔬菜的要求。除鮮食外，也可將種子取出加以烘焙，就能當作咖啡一樣的飲用。

　　在歐美地區，人們因為黃秋葵具有纖細瘦長的體型，而將其取名為「Lady's finger」——女士的纖指，這麼夢幻的名字不禁令人對黃秋葵增添了幾分喜愛。

(形)態特徵

　　黃秋葵植株密生細毛；葉互生，具長柄，掌狀深裂；花腋生，花瓣黃色，中心暗紅色；蒴果先端尖，有稜角；果色有綠、紫紅色，具有特殊黏液。果實成熟快，花謝後約5天就可採收。綠色果實以鮮食為主，紫紅色果實一般以觀賞為主。

(分)布產地

　　各地均有零星栽培，但以彰化、雲林、嘉義等縣栽培居多。

(食)療資訊

　　果實能治熱燥性疾病，如咳嗽、喉嚨痛、尿道發炎等，尚有健胃整腸及預防便秘的功效。

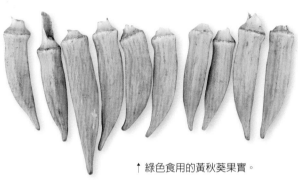

↑ 綠色食用的黃秋葵果實。

↑ 淡黃色的花瓣配上中心的暗紅色甚是搶眼。

↑ 果實表面有紅色斑紋的品種。

167

冬瓜

Benincasa hispida

科名：葫蘆科　　　　　　　　　英文名：Wax gourd、White gourd
別名：東瓜、枕瓜、白瓜　　　　原產地：印度、中國等熱帶及亞熱帶地區
盛產季節： 1 2 3 4 5 6 7 8 9 10 11 12

↑ 冬瓜的果實表面有白色果粉。

　　冬瓜是夏季重要的果菜，由於果型大，在專業栽培時會利用瓜蔓節位的易發根性而進行壓蔓的栽培作業，以增加養分吸收能力，使瓜蔓長得好，果實大，產量才會高。昔日農民為避免果實受日光灼傷，栽培時總會利用報紙或稻草覆蓋果面，現代農民想到更好的方法，那就是將果實藏在濃密的葉片下遮陽，每天再辛勤探望，直到採收為止。

　　夏天時喝一杯冰涼的冬瓜茶，包管您暑氣全消，而將冬瓜削皮後切塊再加入蛤蜊、薑絲煮成湯，就成為一道清涼又退火的美味佳餚。除了作湯外尚可加工為鹹冬瓜、冬瓜糖、冬瓜塊等，用途極廣。另外，因冬瓜果實大又便宜，質地較細，因此它還是「鳳梨酥」內餡的替身喔！下回您品嚐鳳梨酥時，不妨認真感受看看是否有冬瓜的味道。

形態特徵

冬瓜是一年生蔓性草本植物，莖蔓、葉片、葉柄均有剛毛。葉心形或掌狀淺裂；雌雄同株異花，花瓣黃色；果實大，長圓形，肉白色；種子扁平白色。幼果表面有絨毛，越接近成熟時間，果面的絨毛將被果粉所取代。

分布產地

臺灣集中在埤頭、崙背、太保等中南部地區。

食療資訊

據中藥學記載，冬瓜性甘寒，能利尿消腫，一般被視為降火清熱的食物，尚可輔助因治療腎臟炎所引起的水腫。

選購要領

市場上冬瓜總是切片販賣，選購時以瓜籽較硬、顏色呈淡黃色者為佳。

貯存要點

買回時應盡早食用，若切面變黃，就喪失風味。

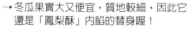

→冬瓜果實大又便宜，質地較細，因此它還是「鳳梨酥」內餡的替身喔！

↑ 冬瓜的幼果。

↑ 冬瓜的雄花

↑ 冬瓜田。

↑ 冬瓜的雌花。

節瓜

Benincasa hispida var. *chieh~que*

科名：葫蘆科	英文名：Jointed wax gourd
別名：小冬瓜、毛瓜、腿瓜、長壽瓜	原產地：熱帶亞洲、中國廣東省

盛產季節： 1 2 3 4 5 6 7 8 9 10 11 12

節瓜微甜而帶香味，無論是用來煲湯、作菜都清香美味。民間常用的菜餚中，用少許大頭菜加入節瓜湯裡頭，據說對解暑止渴有很大功效。有人會問，可上哪兒買節瓜呢？其實在傳統菜市場，如果看到農民賣自家種植的蔬果，都可上前詢問是

↑節瓜果實布滿細毛。

否有賣「毛瓜」，應該是不難買到，否則也可以到日系的超級市場逛逛，相信您會有所收穫的。吃膩了一般常見的瓜類，換換口味也不錯喔！

↑節瓜的花。

形態特徵

節瓜外形和冬瓜非常相似，節瓜莖蔓較冬瓜細；雌花發生節位低，花黃色，每節都可見雌花，才有節瓜之名稱；以採生嫩果為主，因果面仍密生絨毛，故又名毛瓜；節瓜老熟果實子室無空隙，冬瓜則有空隙。

分布產地

臺灣契約栽培則以中南部為主。

食療資訊

夏季炎熱，躁火上升，喉嚨疼痛者，可以多吃節瓜，具有消炎止痛、清除躁熱、驅暑利溼等功效。

選購要領

以果皮絨毛細密，淺綠色帶斑點狀，呈光澤，果形正直才是新鮮貨。

貯存要點

嫩果以鮮食為主，宜盡早食用完畢，若置於冰箱可有2~3天保鮮期。

北瓜 *Cucurbita maxima*

科名：葫蘆科　　　　　　　　英文名：Winter pumpkin

別名：玉瓜、筍瓜、冬南瓜　　原產地：印度、南美

盛產季節： 1 2 **3** 4 5 6 7 8 **9** **10** **11** 12

↑ 生長在溪頭的北瓜。

北瓜是南瓜的品種之一，因性喜冷涼，適合於高冷地生長。海拔1800公尺的清境農場，自然環境適合北瓜生長，不但種得活，果實碩大，已成為當地特產。

果實除作蔬菜用，還具有觀賞價值。特別的是，北瓜因成熟期不同而有不一樣的吃法，幼果可切絲炒麵，做肉丸、煮排骨湯、做餡料；採果時若一時未發現，讓北瓜在蔓藤上留得比較成熟，也不用緊張，果肉在這時會呈現絲條狀，就像冬粉絲一樣，所以有人又稱它為「冬粉瓜」，可用來炒肉絲，或是切絲涼拌，口感也不錯。

形態特徵

北瓜莖匍匐性，具卷鬚，全株密生短絨毛；葉互生，心形或掌狀淺裂，雌雄同株異花，黃色；果實橢圓形，果皮淡黃色或綠色，果肉白色。種子扁平，黃褐色。

↑ 北瓜有絲狀的果肉和黑色的種子。

分布產地

以南投、梨山、宜蘭、清境農場等高山生產為主，全臺高冷地均有零星栽培。

食療資訊

北瓜種子富含脂肪及微量元素，有預防攝護腺腫大之效，果實富含澱粉和維他命A及B，營養價值相當高。

選購要領

以果梗未脫落，果形勻稱，有重量感，新鮮幼嫩果為佳。

貯存要點

北瓜極耐貯藏，無須放在冰箱冷藏，若不急著食用，可置於通風乾燥的地方貯存。

西瓜 *Citrullus vulgaris*

科名：葫蘆科	英文名：Watermelon
別名：寒瓜、水瓜、夏瓜	原產地：熱帶非洲

盛產季節： 1 2 3 4 5 6 7 8 9 10 11 12

↑ 小玉西瓜的田間栽培。

　　西瓜由原產地熱帶非洲，經由絲路傳入中國新疆一帶，故名西瓜。引進臺灣後，經育種專家多年努力的品種改良，使得臺灣西瓜揚名國際，尤其以無子西瓜更是令人讚嘆不已。炎熱夏天，來片冰涼的西瓜，相信是大家一致的選擇。

　　挑選西瓜時可先觀看果實外表紋路，以直紋間隔較寬橫紋較密，表示這顆成熟度夠，接著輕彈果實發出清脆聲響，瓜身舉起時有沉重感，就表示水分充足。西瓜的果皮、果肉、種子均可食用並兼具藥用；籽殼及西瓜皮製成「西瓜霜」專供藥用，可治口瘡、急性咽喉炎。種子含脂肪油、蛋白質、維生素B_2等，可烘焙成「瓜子」，是大家都喜愛的休閒食品。下回西瓜食用完畢後不妨試著將新鮮的西瓜皮拿來敷臉，具說有鎮痛解熱之效。另外，您也可削去西瓜表皮，然後抓些鹽巴醃漬作成涼拌小菜或蜜餞喔！

　　西瓜號稱夏季瓜果之王，不但可消暑解熱、還可以補充水分，因此民間有句諺語「夏日吃西瓜，藥物不用抓」。近年最時尚的「方形西瓜」，即是在種植過程中的生長初期把它放進塑膠箱裡培育，因而得到最佳造型，就連日本人及老外都相當喜歡，因此身價不凡，很有「錢」途。

形態特徵

西瓜是蔓性草本植物，雜交育種後品種繁多，莖蔓有絨毛。葉互生，羽狀不規則缺裂；雌雄同株異花，花腋生，黃色；果形有橢圓形至長條形；果肉顏色有紅、黃、橙黃等；果皮有條斑，具淡青、綠、白綠、深綠、黑綠等顏色。

分布產地

各地的河川沙丘地均可種植，以西部平原的雲林西螺、臺東及花蓮等地有大面積專業栽培區。

食療資訊

果肉有清熱解暑、利尿等功效，可用來治暑熱煩渴、小便不利。西瓜皮可治腎炎水腫、肝病黃疸、糖尿病。

> **選購要領**
> 以果柄新鮮、果形端正飽滿、果面平滑，用手拍打果身有彈性且聲音沉濁者為佳。

> **貯存要點**
> 西瓜要趁新鮮食用風味才好，未切開時以低溫貯藏，但不宜超過半個月，剖開後的西瓜，切口可覆蓋保鮮膜，放在冰箱冷藏。

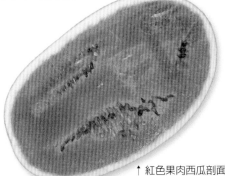

↑ 紅色果肉西瓜剖面。

↑ 黃色果肉西瓜剖面。

↑ 大西瓜。

南瓜 *Cucurbita* spp.

科名：葫蘆科　　　　　　　　英文名：Pumpkin、Squash

別名：金瓜、番瓜　　　　　　原產地：印度、中國及中南美洲等地

盛產季節： 1 2 3 **4** **5** 6 7 8 9 10 11 12

↑ 南瓜的蔓藤和果實。

　　成熟的南瓜耐貯藏和運輸，尤其在臺灣冬春作收穫後，可貯藏至蔬菜缺乏期間陸續供應，因此成為重要的夏季蔬菜。栽培過程中少有病蟲害，因此採粗放的管理方式。

　　南瓜的品種中有的形狀奇異、有的色彩鮮豔、有的小巧玲瓏，因此觀賞價值甚高，而有觀賞南瓜之稱。在家裡客廳挑個適當角落擺放，可充當擺飾品，哪天朋友來了，又可拿來作菜招待客人，真是一舉兩得。

　　近年來美語學習風潮鼎盛，幼稚園為了讓小朋友感受西洋萬聖節的氣氛，總少不了面具及南瓜燈籠，而在感恩節除了烤火雞外，另一項不可或缺的典型傳統食物即是以南瓜料理所做成的南瓜派。仔細想想，南瓜在我們的生活裡也占著重要的一部分。

↑ 南瓜果實的縱切面。

形態特徵

南瓜品種有蔓性、半蔓性及矮性等，葉心型有淺裂，表面被毛並有明顯的白色線條；花腋生，雌雄同株異花，花瓣黃色。南瓜用途甚廣，炒熟的南瓜子，是老少咸宜的「白瓜子」。果肉可燜煮、可炒南瓜米粉、南瓜飯，也可作為糕餅及甜點的材料，視覺效果極佳。

分布產地

各地均有栽培，主要專業區集中在雲林、嘉義、屏東等縣。

食療資訊

種子富含脂肪及微量元素，有預防攝護腺腫大之效，果實富含澱粉和維他命A及B，營養價值相當高。

選購要領

成熟果的特徵為果梗變為黃褐色木質化，果皮呈現原有色彩。

貯存要點

南瓜極耐貯藏，無須放在冰箱冷藏，若不急著食用，可置於通風乾燥的地方貯存。

↑ 茶葉炒南瓜子。

←南瓜的雌花。

↑ 南瓜的品種頗多，其外型也極富變化。

甜瓜 *Cucumis melo*

科名：葫蘆科	英文名：Melon、Cantaloupe
別名：香瓜、梨仔瓜、哈密瓜、洋香瓜、美濃瓜	原產地：熱帶中東、非洲一帶

盛產季節： 1 2 3 4 5 6 7 8 9 10 11 12

↑ 匍地栽培的美濃瓜。

甜瓜品種非常多，早在日治時期臺灣就引進多個品種栽培。熱帶植物的甜瓜喜歡溫暖乾燥的生育環境，其餘各地亦有少數溫室栽培。臺灣四季均可吃到不同品種的甜瓜，愈是酷暑炎熱的季節，所盛產的甜瓜愈是汁甜味美。

↑ 甜瓜果實縱切面。

甜瓜可生食、榨果汁、做果醬、醃漬、煮湯、涼拌等，是健康養顏的聖品，富含膳食纖維，可促進腸胃蠕動，減少罹患直腸癌的機率，更有豐富的維生素 A、B、C，對於抗衰老、抗氧化都有幫助。生食以切片冷藏更消暑，建議最好是趁鮮並去皮食用，避免瓜皮有農藥殘留。若有怪怪的酸味出現，就是過熟已經不新鮮了。

甜瓜家族成員極多，大家耳熟能詳的還有網紋洋香瓜、美濃瓜、黃色的梨仔瓜等，形狀和顏色極多，除一飽口福外，還可供觀賞。現在我們有這麼好吃的甜瓜，要歸功於臺南區農業改良場及農友種苗公司努力的研究育種，使品種推陳出新，常有令人驚喜的「新鮮貨」出現。趁著暑假，不妨做幾道消暑可口的甜瓜美食料理，大啖甜瓜餐。

形態特徵

　　甜瓜莖為蔓性；葉互生，掌狀5裂，有卷鬚；花腋生，黃色，雌雄異花或兩性花；漿果，果皮光滑或有網紋，果肉有白、橙黃或淡綠色；種子扁平卵圓形。

分布產地

　　主要以雲林以南至花蓮地區為主。

食療資訊

　　中醫認為，甜瓜性偏甘寒，水分含量高，夏日適合用來止渴解熱；若因天氣煩躁所引起的喉嚨腫痛，可吃甜瓜消熱解腫，對解酒及降血壓也有助益。

選購要領

以9分半熟，果柄新鮮，色澤亮麗，網紋密，果形端正，有重量感，聞起來有濃郁香氣者為上選。

貯存要點

可在室溫下、通風乾燥處存放1~2天，也可以切片裝於保鮮盒冷藏。

↑ 美濃瓜雄花。

↑ 美濃瓜雌花。

↑ 美濃瓜植株。

越瓜
Cucumis melo var. *conomon*

科名：葫蘆科　　　　　　　　英文名：Oriental pickling melon

別名：醃瓜、菴瓜、生瓜、酥瓜、梢瓜　　原產地：中國及熱帶亞洲

盛產季節：1 2 3 4 5 6 7 8 9 10 11 12

↑ 種植在田埂旁的越瓜。

　　越瓜性喜高溫多溼，臺灣栽培極為普遍，各地均有零星栽培。雖是甜瓜的變種，卻無甜味，是夏季重要果菜之一，果實大部分利用於加工醃漬為主，若想要嚐鮮就要把握盛產時間。

　　在烹調上用途極為廣泛，可煮食、炒食，亦可做成可口的涼拌菜，作法與黃瓜相同，最後再加上醬油、糖、大蒜或薑絲，便是令人垂涎的開胃小菜。

　　用越瓜醃漬成的「菴瓜脯」是鄉下的「古早味」菜餚，甘甜美味，下飯拌粥兩相宜，也可用來滷肉、做菜，常令人忍不住就多吃了一碗飯。仔細觀察您會發現，鄉下農家總會在稻田的周圍種植幾株越瓜，成熟採收後就進行醃瓜大工程，分裝好一甕一甕並貼上日期，不論自用或送人兩相宜，且隨時都有越瓜可吃。因此若想品嚐和鮮果不一樣的味道，就趁採收季節買些越瓜，慢慢享用。

形態特徵

越瓜的莖為蔓性，表面被覆粗毛，卷鬚由葉腋生出，莖的伸長相當快，接觸地面易生不定根；葉互生，葉身呈掌狀，淺裂，邊緣有細鋸齒，表裡都著生粗毛；花瓣黃色，雌雄同株異花，也有同株具有兩性花及雄花；果面平滑或有稜，果形為筒狀至長棒狀，成熟果色由白色或綠色轉為黃白色或黃褐色；種子為扁平披針形，黃白色。

分布產地

主要產地集中在彰化、雲林以南至屏東等地區。

食療資訊

越瓜果實具利尿、解熱毒、生津等功用，可治煩熱口渴，小便淋濁，口瘡等症狀。

選購要領

做菜鮮食為目的宜選購瓜體粗細均勻、正直、瓜皮色澤鮮麗、有重量感。若是用來醃漬，只要不腐爛、不過熟都可以。

貯存要點

新鮮的越瓜可置於冰箱內存放約一周，但建議仍應趁鮮食用，以免喪失原有風味。

↑ 越瓜的果實。

↑ 開花的越瓜。

胡瓜 *Cucumis sativus*

科名：葫蘆科	英文名：Cucumber
別名：黃瓜、刺瓜、王瓜、花瓜	原產地：印度

盛產季節： 1 2 3 4 5 6 7 8 9 10 11 12

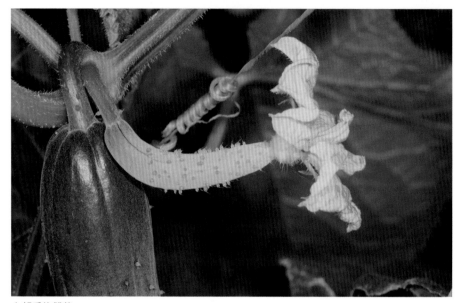

↑ 胡瓜的雌花。

　　胡瓜原產於印度，近年因雜交品種育成日新月異，從果形大致分為大胡瓜及小胡瓜兩類。小胡瓜不耐運輸且價格較貴，臺北市近郊鄉鎮亦有栽培，以供應大臺北地區為主。由於用途廣泛，早已是臺灣重要的經濟果菜類。

　　胡瓜也是一種美容聖品，夏日皮膚若曬紅，可用小黃瓜生汁塗抹加以改善；平時亦可用來敷臉，防止色素沉澱，難怪韓劇裡總會出現，女主角用切片胡瓜舖滿臉上的鏡頭。

　　胡瓜栽培過程中易得病蟲害，相對地農藥使用也多，一般大胡瓜食用前會先削皮，而小胡瓜則建議買回家後，先放在保鮮盒裡，冷藏1~2天，等藥效過了再吃，比較安全。

　　胡瓜的利用方式非常廣泛，可鮮食、美容、雕花當盤飾、作泡菜、醃製花瓜罐頭；在米糕、漢堡、三明治、沙拉等也都會出現，不管是生吃或稍加醃製，平常的三餐中總會有它的陪伴。如此「平常」的果菜，提醒大家如果真要生食的話，就要注意它的農藥殘留問題，無法確定時，切記不要一買回來就馬上食用，除非是自家的有機栽培。

形態特徵

胡瓜全株密被粗毛，蔓性具卷鬚；葉互生，掌狀淺裂，先端尖銳；雌雄同株異花，花瓣鮮黃色；果實表面有疣狀突起，有毛或刺，成熟果由深綠轉為黃褐色；種子長卵形、白色。

分布產地

以中南部的埔里、信義及高屏地區的九如、鹽埔、路竹等地為主。

食療資訊

胡瓜含豐富的維生素及礦物質，是天然的利尿劑，能淨化血液，清理腸胃。

選購要領

大胡瓜宜選果形端正，皮深綠有果粉，瓜紋無黃化。小胡瓜則選粗細均勻，花蒂未脫落，瓜刺明顯，皮翠綠色者為佳。

貯存要點

切開的果實宜趁鮮食用，未切開的果實，可置於冰箱暫貯3~5天。

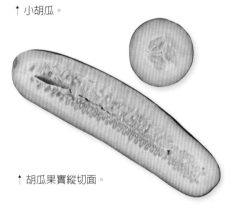

↑ 小胡瓜。

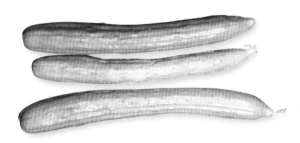

↑ 胡瓜果實縱切面。

↑ 胡瓜的果實。

↑ 胡瓜的植株。

扁蒲 *Lagenaria sciceraria*

科名：葫蘆科

英文名：White-flowered gourd、Bottle gourd

別名：蒲仔、瓠子、匏子、葫蘆

原產地：印度、熱帶亞洲及北非

盛產季節： 1 2 3 4 **5 6 7 8 9 10 11** 12

↑長在一起的果實像極雙胞胎。

　　扁蒲引入臺灣已有一段很長的時間，是夏季主要的果菜。依果型一般可分為長扁蒲、圓扁蒲、平扁蒲、斗蒲和葫蘆蒲等五類。

　　扁蒲煮湯或炒食皆美味可口，嫩果可切薄片炒蝦米，用來煮湯自然就有甜味。夏季高麗菜價格甚高時，婆婆媽媽們會將蒲仔刨成絲做為餃子或包子的內餡，口感和風味不錯喔！

　　記憶中，葫蘆形的蒲仔常被縱切為二，並將果肉取出，晒乾後作為水瓢使用，既環保又添古意。電視演的濟公

↑扁蒲果實的縱切面。

活佛，手上除了扇子外，相信讓您印象深刻的就是那葫蘆形的酒瓶吧！您也可等葫蘆在植株上成熟，晒乾後表面稍加處理，直接作畫，並加些裝飾，就成了大家愛不釋手的葫蘆擺飾。

形態特徵

扁蒲是一年生蔓性草本，全株密生軟毛，具卷鬚，能匍匐地面或攀附他物生長。葉互生，雌雄同株異花，花瓣白色，品種間易自然雜交，因此常會出現怪異又有趣的果形。鄉下人家常喜歡在屋旁種個幾株，到了採收期就能吃到新鮮的蒲仔，也可和親朋好友分享。

分布產地

臺灣各地均有栽培，主要集中在田尾、斗六、古坑、林內、萬丹、九如等鄉鎮。

食療資訊

據現代醫學研究發現扁蒲含有一種干擾素的誘生劑，能提高人體免疫力，具有防癌的作用。

選購要領

以絨毛明顯者為佳。

貯存要點

幼嫩果實冷藏或常溫下，皆能放個2~3天，但仍要趁新鮮食用。

←梨形的果實。

↑ 短圓形的果實。

↑ 葫蘆形的果實。

↑ 扁蒲的雌花。

↑ 扁蒲的棚架栽培。

↑ 扁蒲的葉片。

絲瓜

Luffa cylindrica（圓筒絲瓜）
Luffa acutangula（稜角絲瓜）

科名：葫蘆科　　　　　　　英文名：Vegetable sponge、Angled loofah

別名：菜瓜　　　　　　　　原產地：印度

盛產季節：① ② ③ ④ ⑤ ⑥ ⑦ ⑧ ⑨ ⑩ ⑪ ⑫

↑ 短果型的絲瓜。

　　圓筒絲瓜各地均有栽培，其中以礁溪的溫泉絲瓜最有名氣。稜角絲瓜則因產於澎湖，又稱為「澎湖菜瓜」。

　　印象中到了夏天，棚架上總會爬滿絲瓜葉並開滿黃花，除了有遮蔭效果外，結果時又有採不完的果實。有些人會特地留下熟透而纖維化的絲瓜，乾燥後用來當「菜瓜絡」，作為刷洗碗盤或是洗澡時刷背用的刷子，相當符合現代人環保及健康的觀念。

↑ 絲瓜剖面。

　　當絲瓜植株老不再開花結果時，可將主莖切斷然後放進瓶子裡，隔天就可收集到整瓶的「絲瓜露」，對愛美的小姐來說，絲瓜露不僅是最天然的化妝水，且完全無香料添加問題的疑慮。在過去農業時代，長輩會讓正在發燒的小孩喝上幾口稀釋的絲瓜水，據說有退燒的效果。

形態特徵

絲瓜為一年生蔓性草本，莖有稜，具卷鬚；葉互生，心形或掌狀形，葉緣具深或淺裂；雌雄同株異花，花瓣黃色。絲瓜可和蛤蜊、薑絲炒食，亦可切片油炸，煮湯亦佳，是夏天首選的蔬果。

分布產地

西螺、二崙、斗六、里港、萬丹等地有專業生產，臺灣各地農家都有零星栽培。

食療資訊

絲瓜性涼，具清熱、利尿、化痰等效果，適合腸胃燥熱患者食用，夏天多吃絲瓜好處多多。

↑ 圓筒型的絲瓜。

選購要領

以顏色濃綠、條紋明顯者為佳。

貯存要點

在市場買來後可先用報紙包裹，置於冰箱冷藏約可存放2~3天。

↑ 長果型的絲瓜頗受青睞。

↑ 稜角絲瓜的果實。

↑ 老熟絲瓜果實可採種也可當絲瓜絡。

↑ 絲瓜開花的情形。

苦瓜 *Momordica charantia*

科名：葫蘆科
別名：錦荔枝、涼瓜
盛產季節： 1 2 3 4 5 6 7 8 9 10 11 12

英文名：Bitter gourd、Balsam pear
原產地：熱帶亞洲

↑ 網室栽培的苦瓜。

　　苦瓜引入臺灣歷史悠久，性喜高溫，不耐冷涼，目前已成為本地重要的經濟果菜之一。由於品種改良技術進步，一年四季均可吃到新鮮的苦瓜。

　　苦瓜都是七八分熟就採收，若留著「在叢紅」果色鮮豔欲滴，令人驚豔，難怪原產地的居民都是種來觀賞。

↑ 苦瓜果實縱切面。

　　食用方式多樣，可切薄片涼拌生食、加鹹蛋及小魚干炒食、悶苦瓜封，或是煮上一鍋鳳梨苦瓜雞，都是不錯的選擇。

　　苦瓜忌連作，平地選擇與水稻輪作，多採棚架栽培，為防止果蠅為害，除套袋管理外亦發展溫室栽培，使苦瓜的品質更為優良。屏東里港地區的農民則利用河床的砂地採匍地栽培，以避免苦瓜的連作障礙。河床的匍地栽培辛苦但有趣；結果期間每天清晨3點鐘天未亮，就得摸黑至栽培地進行前一天已做好記號的瓜果採收，為了不讓果面汙損，栽培時需用棉絮襯墊和覆蓋，有點像大熱天在大太陽底下蓋著棉被睡覺的模樣，讓苦瓜想不白也很難。

形態特徵

苦瓜是一年生蔓性草本植物，莖具卷鬚，葉互生，掌狀5~7深裂；花腋生，雌雄同株異花，花瓣黃色；果形有長圓錐形、圓筒形、紡錘形，果色有白色和綠色二種，果面有不規則的瘤狀突起，稱「果米」，成熟果為橙黃色；種子包於紅色假種皮內。

分布產地

主要集中在彰化、南投、高屏等地區。

食療資訊

苦瓜含有苦瓜素（momordicine），具有特殊的苦味，中醫認為苦瓜性寒，具有清心、明目、解毒、降血壓等功效，夏季心浮氣躁時，喝碗苦瓜湯可消暑降火。

選購要領

以果形端正，果米大，無碰撞傷者；白色苦瓜以果面潔白，綠色苦瓜以深綠色為佳。

貯存要點

不耐貯藏，最好當天食用，若冷藏僅1~2天保鮮期，否則果米變黃就喪失風味。

→苦瓜果實表面有明顯的突起。

↑苦瓜有白色種和綠色種。

↑苦瓜的花。

蛇瓜
Trichosanthes anguiua

科名：葫蘆科　　　　　　　英文名：Snake gourd、Serpent gourd
別名：蛇豆、蛇絲瓜、蛇王瓜　原產地：熱帶亞洲
盛產季節：1 2 **3** **4** **5** **6** **7** **8** **9** 10 11 12

↑ 酷似一條條蛇掛在棚架上的蛇瓜。

　　蛇瓜生性強健，喜高溫多溼，臺灣在日治時期就有少數零星種植，但直到現在都未大量生產。

　　蛇瓜幼果鮮嫩，採收後削去果皮加些肉絲、火腿、香腸等佐料炒食或煮湯，味道鮮美又特別。令人好奇的是，形狀奇特極富有戲劇效果的蛇瓜，在臺灣卻未走紅，而成為家家戶戶餐桌上常見的美味佳餚，究其原因正是長條狀外形的蛇瓜，細長又彎曲，質地脆易折斷，造成運輸上的不便，再加上大部分的

↑ 蛇瓜的花瓣有絲狀花邊。

人並不知道如何煮食，因此乏人問津，農民的種植意願也就低落。

　　近年臺灣正流行「休閒風」，有些休閒農場會種植蛇瓜，以作為教育體驗課程，由於外形蜿蜒奇特，就像一條條彎曲的大蛇小蛇掛在瓜藤上，讓每位參觀的大、小朋友都驚呼「實在太神奇了」！

形態特徵

　　蛇瓜是蔓性攀緣的瓜類，莖極纖細，橫切面5角形；葉有絨毛，掌狀3~7裂；雌雄同株異花，雄花白色，5或6裂，邊緣有鬚毛條裂，雌花的花托肥大，極像一條扭曲的小蛇；果實2端尖，長30~200公分，果皮乳白淡綠或有青色縱紋，成熟果橙紅或橙黃色，果實中空；種子土褐色，邊緣有粗糙的缺刻。

分布產地

　　以大湖、三灣、國姓、大樹、鹽埔等地區為主，各地農家也有少數種植。

食療資訊

　　根據營養學研究結果，蛇瓜的磷含量比其他瓜類高，對於安定神經很有效果。中醫認為蛇瓜有清熱解毒、化痰、散結消腫、止瀉等療效。

選購要領

以瓜體粗細均勻，有重量感，新鮮幼嫩者為佳。

貯存要點

果實太長，若要放置於冰箱冷藏可切段，並用塑膠袋包起來，可貯存2~3天，建議宜盡早食用，以免失去水分，導致口感不佳。

↑ 蛇瓜的葉具有深裂。

↑ 匍地生長的蛇瓜像盤起來的蛇。

↑ 果形奇特的蛇瓜。

菱角 *Trapa natans*

科名：柳葉菜科
別名：龍角、紅菱、水中落花生
英文名：Water caltrops、Water chestnuut
原產地：歐洲與亞洲的溫帶地區

盛產季節：1 2 3 4 5 6 7 8 9 10 11 12

↑ 菱角為水生植物。

菱角在中國南方及長江流域各地均有栽培，臺灣是日治時期自中國引入種植。由於外形奇特，口感佳，深受大人和小孩的喜愛。

成熟的菱角外殼堅硬，菜市場上有代客剝殼的貼心服務，讓您買回家之後就可以直接做菜料理。菱角因含澱粉質高，可充當糧食，亦可煮熟後加鹽

↑ 菱角富含澱粉質。

做休閒食品食用，做菜炒食、加排骨煮湯更有不同的風味。目前坊間也正在研究菱角的加工產品，如菱角酒、菱角醬，以開發菱角的多元化用途。

您如果開車至官田一帶旅行時，要仔細注意馬路兩旁，遠遠地看到許多撐著大洋傘的菱角攤，即表示菱角的產地已經到了。有機會可以到菱角田看到現代版的採紅菱，他們可是用大輪胎的內胎或大鋁盆，浮在水面上，人就坐在裡面一邊划行一邊採菱角，相較於古代是乘坐小船又那麼有詩情畫意的「採紅菱」，雖然少了一點浪漫，但多了幾分寫實，也可以從中看出農民討生活的辛苦呀！

形態特徵

　　菱角是水生植物，莖中空細長，伸長至地下泥土中；莖節生長鬚根，以吸收水中養分；葉簇生、菱形，邊緣鋸齒狀，葉面光滑，葉背和葉脈有絨毛，葉柄膨大成海綿狀組織，形似氣囊，能貯藏空氣，也是菱角能在水中浮起的原因；花腋生、白色；果形似元寶，是黑色硬殼的核果，菱角中央有一小孔，叫做「臍」，是種子的發芽孔；根部有特殊的構造，可以吸收水中的氧氣。

分布產地

　　北自嘉義民雄、新港，南至屏東林邊，都有零星栽培。著名的專業栽培區在臺南官田一帶。

食療資訊

　　中醫上認為生食菱角具清暑、止渴；熟食有安中、補臟及解毒的功用。日本也實驗證明每日飲用鮮菱角汁，可以幫助對抗癌症，可說是最佳的健康食品。

選購要領

作菜用的宜挑選外殼紫黑色，鮮嫩為主，若當零嘴時宜選外殼紫黑色，堅硬，兩個龍角均完整為佳。

貯存要點

去殼後宜趁鮮食用，若無法食用完畢，可分裝再置於冰箱冷凍，需要時直接煮食。

↑ 菱角的果實藏在葉片下。

↑ 水面下的菱角生長狀態。

破布子

Cordia dichotoma

科名：紫草科	英文名：Sebastan plum cordia
別名：樹子、樹籽仔	原產地：廣東、福建、海南島等地

盛產季節：1 2 3 4 5 **6** **7** **8** 9 10 11 12

↑ 破布子結果的盛況。

　　破布子性喜高溫，原生於臺灣低海拔山麓或平地郊野，屬落葉中喬木，因加工需求，各地均可見零星栽培。到了夏季，成熟的果實一般均由加工廠統一收購，以便加工製造。為供應少量的家庭需求，菜市場上仍可看到少數農民採收後拿出來販賣的景象。

　　破布子果實含極高的纖維，可以加工醃漬製成丸餅，鹹中帶澀，可去油膩，幫助消化，是代表性的開胃小菜。蒸魚或蒸肉也可加點破布子及薑絲或蔥段，味道相當甘甜，在餐廳裡是點菜率頗高的古早味料理。

　　每到夏季，破布子樹梢上掛著一顆顆黃澄澄的可愛樹子，甚是美麗。採收完後的破布子，枝幹須進行強剪，隔年才可順利開花結果。暑假到鄉下常見大人們忙著醃漬破布子。近年來，因工資漸高故改由機械取代人工，破布子也成為食品工廠的加工製品。但習慣一切自己動手的鄉下老人家，只要一到採收季節，就會呼朋引伴製作純手工的破布子，不僅可聯絡感情，嚐起來風味鮮美又衛生，還特別有種懷念的味道。臺語會叫「破子」是因為破布子在鍋子裡煮得稀稀爛爛時，它們就會一個個相繼爆開，老人家是從這裡得來的靈感，真是創意無限呀！

形態特徵

　　破布子是落葉中喬木，株高可達8公尺，葉互生，卵形或心臟形，邊緣有波浪狀，葉面上常長有小瘤是其特色；春季開花，夏季結實纍纍，果實球形，內含乳白黏質液，種子1顆，成熟果色由綠轉黃。

分布產地

　　各地均有零星栽培，其中又以嘉南地區的太保、水上、鹿草為主要產地。

食療資訊

　　破布子果實有鎮咳、解毒及整腸功效，對於消化不良有極佳療效。枝幹煮水喝可以治療尿酸；嫩葉煎青殼鴨蛋食用，對骨刺具保健作用。

選購要領

鮮果以完整不破裂，黏液乳白色、不腐爛、無酸臭味者為佳。

貯存要點

一般是以加工後的產品為使用形態，因此可以罐裝方式，放置於室溫或冷藏均可。

↑ 過溝菜蕨炒破布子。

↑ 成熟的破布子果實開始轉色。

↑ 加工後的破布子很有古早味。

↑ 未成熟的破布子果實呈綠色。

甜椒 *Capsicam annuum* var. *grossum*

科名：茄科　　　　　　　　　　英文名：Bell pepper、Sweet pepper

別名：大同仔、番椒、青椒、青辣椒　　原產地：熱帶南美洲和地中海沿岸

盛產季節：1 2 3 4 5 6 7 8 9 10 11 12

↑ 正在轉黃的甜椒果實。

　　目前甜椒在臺灣普遍栽培，全年均有生產，可供應內外銷。根據日本國立癌症預防研究所提出18種蔬果之抗癌性排行榜，甜椒高居第九名，是現代人需要常吃的保健蔬果。近年積極的品種改良，除降低甜椒特殊味道外並提高甜味，讓甜椒逐漸廣受大眾的喜愛。

　　甜椒的蒂部下凹處，容易沉積塵土及農藥，食用前要注意洗淨，或在去籽時將蒂部切除。食用方式多變化，可製作生菜沙拉、打果汁、烤肉串用、切絲炒什錦蔬菜等。通常小孩對於甜椒的味道都敬而遠之，任憑媽媽想盡辦法切得再細再小，小孩都有辦法發現，只因為它實在是太有味道了。經研究發現，當甜椒切開之後，果肉所含的松烯物質，就會與空氣中的氧結合使其無法分解。因此想讓小孩喜歡吃甜椒，媽媽就要費心研究，如何在不切開甜椒的狀況下，先經加熱方式使特殊物質分解的烹調方法了。

形態特徵

　　甜椒株高約30~50公分，葉互生、長卵形、先端尖、全緣；花腋生、小花白色或淡紫色；漿果多樣性，有球形、紡錘形、羊角形及長錐形等；果色更有豐富的紅、橙、黃、綠、白、紫黑等色，果皮光滑，鮮豔欲滴。

分布產地

　　專業栽培主要集中於埔里、溪湖、崙背、民雄、萬丹、花蓮等地區。

食療資訊

　　甜椒含有豐富維他命C，具有抗氧化力、抗癌物質辣椒素（capsaicin）、松烯等，松烯是特殊味道的來源，而辣椒素可溶解凝血，有止痛作用。

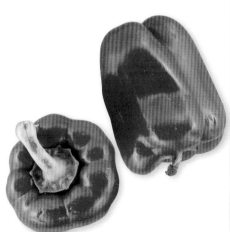

↑ 彩色甜椒適合生食。

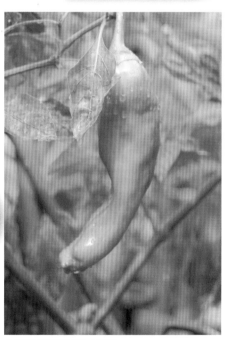

↑ 綠色的甜椒又叫「青椒」。

↑ 未成熟的甜椒果實。

↑ 綠色的甜椒果實適合炒食。

辣椒 *Capsicam annuum* var. *longum*

科名：茄科	英文名：Long pepper
別名：番仔薑、紅辣椒、番椒、辣子	原產地：南美洲祕魯及中美洲墨西哥一帶

盛產季節：1 2 3 4 5 6 7 8 9 10 11 12

↑ 綠色的辣椒口感似青椒。

　　辣椒果形及果色豐富，除作為蔬菜烹飪的佐料外，兼具觀賞價值。家裡種植幾株辣椒盆栽，既可做菜也可美化庭院。

　　辣椒的果實因果皮含有辣椒素而有辣味，作為佐料能增進食慾。此外，它還有去溼除寒的功效，到了寒冷的冬天，麻辣火鍋店外總大排長龍，可見「辣」在此時受歡迎的程度。除此之外，家裡的盆栽有蟲害或螞蟻時，可利用辣椒種子泡水噴灑，以取代農藥的使用，蠻符合生態環保的原則。

　　湖南人有句口頭禪：「辣椒好，一餐無它不得飽」，難怪大學時期同學的媽媽總愛調侃自己湖南籍的老公，說是逃難時只要身上帶著一罐辣椒就能活命。這些「北北」對辣椒的依賴性，還真是我們無法想像的。

　　最近市面上出現了號稱最辣的辣椒——印度「斷魂椒」（Naga Jolokia），讓辣的層次感又往前進階，還有些餐廳為了打廣告，會舉辦吃辣比賽活動，奉勸大家嘗試前要先三思，不要跟自己的味蕾過不去。

形態特徵

　　辣椒株高30~120公分，單葉互生、卵圓形；花腋生、白色；果實通常呈圓錐形或長圓形，有朝天性或向下性之分；未熟果呈綠色，成熟果為鮮紅色、黃色或紫黑色，以紅色最為常見；種子腎形、淡黃色，著生於胎座。辣椒的果實因果皮含有辣椒素而有辣味，作為佐料能增進食慾。

分布產地

　　專業栽培以嘉南平原、彰化、雲林、臺南、高雄及屏東為主。

食療資訊

　　辣椒具有極佳的健胃作用，可促進唾液及胃液分泌，增加腸胃蠕動進而增進食慾，這也是它誘人的地方。所含的辣椒素可刺激心血管系統，使心跳加快，促進血液循環，因此市面上販售有辣椒膏的貼布，對風溼痛、腰肌痛均有療效。

選購要領

以果皮光澤鮮紅亮麗，無枯萎，無外傷或腐爛，辣味強者為佳。

貯存要點

辣椒耐貯存，即使乾了，辣味依舊，若一時購買太多，可放在冷凍庫裡保存，需要時再取出利用，不須解凍，還挺方便的。

↑ 火紅的辣椒讓人不敢領教。

↑ 南瓜形的辣椒又叫「巴西辣椒」。

↑ 彩色辣椒的果實相當可愛。

↑ 蓮霧形的辣椒有些夢幻。

枸杞 *Lycium chinense*

科名：茄科

別名：枸櫞子、枸杞菜、葉枸杞

英文名：Wolfberry

原產地：東亞溫帶地區

盛產季節： 1 2 3 4 5 6 **7** 8 **9** **10** 11 12

↑ 枸杞的花。

　　枸杞在本草綱目有入藥的記載，果實及葉均可藥用，本地約在300年前由中國引入。因受限於氣候條件，臺灣未有專業栽培區。

　　枸杞是一種非常有益健康的中藥材，可沖泡當茶喝，亦可入藥作藥膳，用途相當廣泛。果實即枸杞子，根則稱為「地骨皮」，另外嫩葉還可供食用。據香港的醫學研究證實，枸杞含有一種玉蜀黍黃質，有助視網膜黃斑組織的修復，降低罹患老年退化性黃斑症的機率，是老年人保護視力的最佳天然補品。葉用枸杞經成分分析，嫩梢有良好的抗氧化能力，可清除人體自由基的酚類化合物。

　　中國的寧夏省一向以出產枸杞果實聞名，這要歸功於當地的土壤、晝夜溫差大的氣候條件，長期以來，寧夏所生產的枸杞被視為上品的高檔貨，屬高級補品。臺灣目前由苗栗改良場大力推廣葉枸杞，其新鮮的嫩梢俗稱「天精草」、「地仙苗」，可炒蛋、炒肉絲、煲湯、燉食或打成精力湯，美味爽口，有機會路過苗栗時不妨前往探詢。

形態特徵

枸杞是半蔓性落葉灌木，株高1~2公尺，叢生狀，幼枝有稜；葉互生，卵狀披針形或長橢圓形，葉腋有刺；花腋生，淡紫色小花，星形；漿果橢圓形，橙紅色。

分布產地

臺灣目前在苗栗有小面積專業生產，其餘則是少數家庭栽培。

食療資訊

現代醫學研究證明，枸杞不僅被利用於防治糖尿病、高脂血症、肝病及腫瘤，對防治眼疾更有特殊的醫療價值。

選購要領

葉用的枸杞選購時以葉片大而完整、鮮嫩肥厚、不萎縮者為佳。
乾燥的枸杞在中藥店都可買到，大部分是由中國進口，要注意保存期限。

貯存要點

葉用的枸杞宜趁鮮食用。乾燥的枸杞可放入密封罐貯存，以通風乾燥為宜。

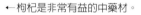

←枸杞是非常有益的中藥材。

↑ 枸杞的植株。

↑ 枸杞的果實。

番茄 *Lycopersicon esculentum*

科名：茄科

別名：臭柿仔、甘仔蜜、西紅柿

英文名：Tomato

原產地：南美洲

盛產季節： 1 2 3 4 5 6 7 8 9 10 11 12

↑ 大果番茄的田間栽培。

　　番茄當初由原產地傳入義大利是作為觀賞植物，後來才漸漸發展成為食用作物。早期番茄具有青臭味，有許多人不敢吃，後經改良才廣受歡迎，目前既是蔬菜也是水果。冬季盛產，好吃又便宜；夏季因平地高溫不適合種植，因此集中在高冷地栽培，價格較為昂貴。所幸試驗單位極力研究，選出較耐高溫的品種，真是消費者的福音。

↑ 番茄原產南美，傳入義大利作為觀賞植物，後來才漸漸發展成為食用作物。

　　番茄是目前正夯的養生蔬果，因含有茄紅素及豐富的維生素C，讓現代追求養生的人們趨之若鶩。若常吃番茄亦能降低消化系統癌症的發生機率，難怪番茄的產品廣告詞中會出現「番茄紅了，醫生的臉就綠了」這句話。

　　番茄的利用廣泛，可製作番茄醬、番茄汁、番茄炒蛋、番茄火鍋，甚至是雞尾酒——血腥瑪麗也用番茄汁調製。當初的「臭柿仔」，如今身價非凡，真是令人意想不到。

形態特徵

番茄株高30~150公分，莖密布油腺，具有青臭味；葉互生，羽狀複葉，葉緣淺裂或深裂；總狀或聚繖花序，花冠星形，鮮黃色，萼片宿存；漿果，分大小二種果形。

分布產地

各地均有栽培，大番茄主要產地集中在雲林及屏東，小番茄則集中在高雄及臺南。

食療資訊

現代醫學研究發現，茄紅素（Lycopene）具有抗癌作用，可降低攝護腺癌的發生。

選購要領

大番茄的挑選以果形均勻完整，果肩青綠色，果頂已變紅者為佳。小番茄則以果形完整，顏色愈紅愈鮮豔者為佳，蒂頭若泛黃就不新鮮了。

貯存要點

如果想讓貯存時間久一點，可在番茄稍顯色時即採收，讓它慢慢變紅。如果是在市場買的番茄，放在冰箱裡也可存放好幾天。

←番茄果實屬於漿果類。

↑利用網室栽培的聖女番茄。

↑番茄開花。

茄子
Salanum melongena

科名：茄科
英文名：Eggplant
別名：紅皮菜
原產地：印度、東南亞
盛產季節： 1 2 3 4 5 6 7 8 9 10 11 12

↑ 茄子在田間結果的情形。

　　茄子在臺灣早期從中國華南引入，由於生長條件合適，栽培容易，臺灣各地均有零星栽培。民間習俗每到端午節，都會準備「午時菜」，也就是菜豆和茄子。據說吃茄子可以補腎，並讓精力充沛，還具有老當益壯的神奇作用。

　　如果您看過紅樓夢裡有關茄子繁複又講究的煮法，相信也會和劉佬佬一樣嚇得目瞪口呆。其實茄子只要蒸熟、油炸、沾醬熟食或用蒜薑末一起涼拌，就是既家常又美味可口的佳餚。一般市場上購買的大部分是長茄或胭脂茄，肉質較軟；圓形的日本茄（燈泡茄），肉質較硬，在日本料理店常用來炸「野菜天婦羅」。這類茄子在一般菜市場買不到，僅有少數農家會自行栽種幾株。至於白色、綠色和紫色有條紋的茄子，市面上亦少見，只有在客家庄有少量栽培。您知道嗎？茄子在日本江戶時代被視為珍貴的蔬果，據說，只要在新年正月初一、初二夢中看見茄子的話，就表示會有非常吉利的兆頭喔！

→長果形的茄子。

形態特徵

　　茄子莖黑紫色或綠色；葉互生，暗紫或綠色，葉緣有不規則淺裂或深裂；花腋生，星形、淡紫色，萼片宿存；果實有卵形、長卵形，圓球形；果色有白、綠、黃、紅、紫黑等色。

分布產地

　　夏季以彰化地區生產為主，冬季生產集中在高雄、屏東等地區。

食療資訊

　　茄子是營養豐富的果菜，含有維生素B_1、B_2、P，易血管硬化或微血管栓塞破裂的族群，可常吃茄子，以增強血管的彈性，防止血管破裂，減少皮下出血。

選購要領

要注意茄子顏色的變化，其新鮮度是由黑紫轉為淡紫，尾端形狀由尖而轉鈍，把握這二項要點，就可挑到新鮮又好吃的茄子。

貯存要點

新鮮的茄子，可冷藏2~3天，皮會稍皺些，但不影響風味。

↑ 種子明顯表示果實有點老熟。

↑ 茄子的花色鮮豔。

↑ 正值開花期的茄子。

↑ 圓果形的茄子兼具觀賞價值。

甜玉米 *Zea mays* var. *rugosa*

科名：葫蘆科	英文名：Sweet corn、Super sweet corn
別名：甜番麥、甜玉蜀黍、超甜玉米	原產地：祕魯南部

盛產季節： 1 2 3 4 5 6 7 8 9 10 11 12

↑ 專業栽培的玉米田。

　　甜玉米性喜高溫，引進推廣後是大家都喜愛的果菜。由於氣候關係，臺灣以平地及高冷地輪流種植，因此全年均可供應。

　　栽培過程中，甜玉米易受「玉米螟」侵害，長效型的農藥「好年冬」也下得多，因此果穗裡殘留的情

↑ 玉米筍。

況極普遍，也難怪近年來有人會在自家旁的空地，種上一排有機玉米，以消除農藥殘留的心理陰影。玉米的花粉直感（Xenia）強，易與其他品種雜交，因此種植時須與其他品種相距200~300公尺以上。甜玉米之所以會甜，是因為含有隱性基因，能使米粒中的果糖和葡萄糖延遲或無法轉化為澱粉，因此甜度特別高。

　　在夜市或路邊的攤位上，常會看到令人垂涎三尺的水煮玉米，撈起來後刷一點鹽水，馬上能讓您解饞，而玉米在炭火上加入醬料燒烤一番，香味四溢，任誰也抵擋不住。猶記年幼時，一邊看著廟會布袋戲的演出，一邊啃著手上的烤玉米，帶著幸福的心情跟著神遊在故事的情節裡，真希望時間就此停格。吃火鍋時，也少不了甜玉米的搭配；習慣捧著「爆米花」看電影；小朋友最愛的玉米濃湯等等，看來，我們食用甜玉米的機會和方式還真多樣化呀！

形態特徵

甜玉米的莖直立；每節一葉，平行脈；雌雄同株異花，雄花頂生，穗狀，密被花粉；雌花從葉鞘中抽出，頂端著生紫紅色絲狀花柱，下垂的模樣似鬍鬚，未結果粒之嫩穗稱「玉米筍」。

分布產地

冬季種植在苗栗、臺南、高雄、屏東等地區，夏季則在南投的高冷地生產。

食療資訊

甜玉米含大量澱粉，可當主食。果軸煮湯飲用，能健脾利溼，可治水腫、腳氣、小便不利等症。

↑ 玉米粒為玉米的果實。

↑ 玉米的鬚就是雌蕊的花柱。

↑ 玉米的雄花。

↑ 玉米結穗。

筆筒樹

Cyathea lepifera

科名：梭欏科　　　　　　　英文名：Common tree ferm

別名：蛇木　　　　　　　　原產地：臺灣、琉球、菲律賓

盛產季節： 1 2 3 4 5 6 7 8 9 10 11 12

↑ 筆筒樹有「蛇木」之別稱。

　　筆筒樹為高大的樹狀蕨類，3~3.5億年前的石炭紀是樹蕨類最興盛的時期，為古老的活化石植物，臺灣北部因為東北季風盛行，同時具有潮溼與向陽的特性，因而成為全世界樹蕨類植物分布最密集的地區之一。

　　筆筒樹老葉脫落後，會在樹幹上留下一連串疤痕，整根樹幹遠看像似一條蛇，所以有「蛇木」的別稱。樹幹除了可製筆筒外，上面黑色的不定根稱為「蛇木屑」，是種植蘭花的重要栽培介質。

　　筆筒樹的嫩芽、幼葉及葉柄皆可食，處理方式為先將表皮上的鱗毛刮除，削去外皮後切成小塊，由於嫩芽具有黏液，因此可用水沖洗。接著切絲炒食或切塊燉豬肉，嚐起來滑順爽口，口感奇佳，現已經開始有人工栽培以提供觀光生態園區作為料理風味餐的食材。

形態特徵

筆筒樹屬於大型木本蕨類，高可達10公尺，單幹不分枝，上半部具有明顯橢圓形葉痕，下半部密被氣根狀的黑褐色維管束，幼嫩部分密生金褐色鱗毛。葉為三回羽狀複葉，長3~4公尺。

分布產地

臺灣主要分布在低海拔向陽潮溼環境，常見於平地至中海拔闊葉森林邊緣及再生林中。

食療資訊

幼芽稱「過山貓」，外敷癰疽，將樹幹木質部分切細，蜜炒煎服，可促進血液循環、止咳。

↑ 利用筆筒樹幼葉柄所製成的菜餚。

選購要領

取筆筒樹頂端新鮮嫩芽及髓心，未纖維化、水分充足為佳。

貯存要點

宜新鮮食用，冰箱貯藏約只能保存2~3天。

↑ 筆筒樹的葉片剝落後會在樹幹上留下痕跡。

↑ 筆筒樹的樹心。

番杏
Tetragonia tetragonoides

科名：番杏科　　　　　　　　英文名：New zealand spinach

別名：蔓菜、紐西蘭菠菜、毛菠菜　原產地：中國、琉球、韓國、日本、東南亞、澳洲等地海濱地區

盛產季節：1 2 3 4 5 6 7 8 9 10 11 12

↑ 耐鹽、耐高溫的番杏相當適合於海邊生長。

　　番杏的葉片肥厚有絨毛，外形類似菠菜，相當容易辨識。莖葉含多量蛋白質及無機質，另含蘋果酸、檸檬酸、腺嘌呤（adehine）、胡蘆巴鹼（trigonelline）、膽鹼（choline）。果實含有油脂。

　　番杏的群落，自生海岸沙地，是很常見的海濱水土保持植物。嫩芽、嫩葉和嫩莖葉均可食用。早期住在海濱的居民採取後洗淨，加入稀飯一起熬煮成鹹稀飯。農村亦常採取以作為養雞的飼料。在烹調方式上宜先汆燙後，加入薑絲、枸杞、麻油等調味後即可食用；亦可煮湯或用味噌煮食，是健康的野菜。現海邊居民偶有栽種以作為自家食用。

形態特徵

番杏是一年生肉質草本，莖伏生地面呈匍匐狀。葉互生，三角狀卵形，肉質；夏天開花，腋生，花萼裂片4或5，廣卵形，裡面黃色，無花瓣；子房下位；果倒圓錐形，具宿存萼。

分布產地

臺灣分布於北部、東部及恒春半島、蘭嶼和澎湖、西部海岸沙地及開闊地。

食療資訊

據中醫研究全株有生津止渴之效。治腸炎、胃疾、食慾不振。

↑ 枸杞炒番杏。

選購要領

選購以葉片翠綠，無枯萎，未開花為最佳選擇。（市場未必有銷售，需自行野外採取，最佳時機是雨後摘取食用）

貯存要點

放置冰箱冷藏2~3天，不耐久存，宜新鮮食用。

↑ 番杏的嫩莖葉可食，嚐起來味道似菠菜。

土人參 *Talinum paniculatum*

科名：馬齒莧科　　　　　　　英文名：Coral flower

別名：假人參、土高麗參、參仔葉、參仔草　　原產地：熱帶美洲

盛產季節： 1 2 3 4 5 6 7 8 9 10 11 12

↑ 土人參的莖葉搗爛後可外敷腫毒。

　　土人參除了野外生長，亦有庭園栽種以作為觀賞植物。全年開花，夏天為盛花期，花小粉紅色，種子細小。繁殖容易，常在牆角邊或小盆栽都可以發現它，只要不將根拔除，它會重新長出嫩芽，而且長出一大叢，水分和養分給予充足時，一小盆栽就可讓您整年都有嫩葉食用。

　　全株含草酸鉀、硝酸鉀及其他鉀鹽，食用部分為嫩葉、嫩心葉。現有生態觀察園區在午餐時會提供品嘗野菜活動項目，土人參也是重要主角。

　　食用方式上有薑切絲，取少許油，熱鍋放入薑絲略炒，加入汆燙過的土人參葉略炒，最後加入調勻的味噌調味，接著起鍋並撒上柴魚片即可食用。

　　最常見的食用方式為將土人參葉洗淨汆燙備用，枸杞用熱水泡軟。薑切絲，取少許麻油，熱鍋放入薑絲略炒，加入汆燙土人參葉略炒，最後加入枸杞待水滾開後，調味起鍋，一道麻油香的枸杞土人參，即可讓全家胃口大開。

形態特徵

　　歸化於臺灣平地至低海拔山區之多年生草本植物。莖直立，肉質柔軟，圓柱形綠色，全株平滑。葉互生，倒卵形，綠色肉質；花四季開放，圓錐花序，頂生或腋生，小花紅色，花梗細長；蒴果球形。根肥大圓錐形，狀如人參。

分布產地

　　歸化臺灣全境原野、山坡，亦有庭園栽培。

食療資訊

　　全株為利尿劑，葉子搗汁外擦解熱藥，並能消腫毒。根部治月經不調、虛汗，莖與葉治咳嗽、腫傷。

↑ 麻香土人參。

↑ 土人參葉呈倒卵狀披針形。

↑ 土人參因主根粗大形如人參而得名。　　↑ 嫩莖葉可直接汆燙然後加入蒜頭提味食用。

野莧菜 *Amaranthu virids*

科名：莧科	英文名：Green amaranth、Pigweed
別名：鳥仔莧、假莧菜、山荇菜	原產地：熱帶美洲

盛產季節： 1 2 3 4 5 6 7 8 9 10 11 12

↑ 野莧菜為一年生草本，莖直立，全株無毛。

　　野莧菜是最早歸化臺灣的植物之一，常見於蔬菜田或空地野生。早期農民常摘採食用，野莧菜味道甘美。烹煮時先將水煮滾後加入麵線一起煮食，其中野莧菜本身的甘甜，混合麵線本身的鹹味，不用再加任何調味，就是一道可口的菜餚。農村也常將此當成一頓簡單飯食。夏天暑熱難消，老人家喜歡煮黃麻湯喝，這時也會摘採一、兩棵野莧菜切得非常細再加入黃麻湯一起熬煮。

　　常見吃法是蝦米炒野莧，做法是油鍋炒香蒜頭蝦米，放入燙熟野莧菜翻炒後起鍋即可食用。由於蝦米已有鹽分，野莧菜燙熟後會帶有甘甜味，所以不必再加調味料。

　　另外野莧菜也可以三吃喔！您可將葉子和莖分開，首先葉子的部分，講求清淡者可汆燙後將油蔥和醬油淋上拌勻即可食用。野莧莖去皮後，除了煮湯外，還可以用炒的。做法是將野莧莖燙熟備用，起油鍋放入蒜頭、小魚乾炒香，再放入熟野莧莖加少許水，翻炒至水微乾就可起鍋。由於小魚乾已有鹽分，所以就不必再加鹽了。

　　一年生草本植物，莖直立，株高約30~80公分，無毛、無刺；葉互生，葉具長柄，為長卵形或橢圓形；花為穗狀花序，頂生或腋生；種子細小黑亮。有綠色種及外部稍帶淡紫色的品種。

分布產地

　　臺灣低海拔路旁，荒廢地、開闊地、菜園、休耕地。荒郊野外都有生長，目前並無經濟栽培。

食療資訊

　　野莧菜營養成分包含蛋白質、脂肪、醣類、灰分、纖維、維生素A、B、C、菸鹼酸、磷、鈣及鐵等。主要食用幼嫩莖葉，適合炒食及煮湯，根部可當藥材食用。葉有清熱、解熱的功效，並治赤痢。

選購要領

市場上少有販賣，要品嚐可自行到野外採取。市售都以白莧或紅莧為主。

貯存要點

宜新鮮食用，冷藏易變色。

↑野莧菜幼嫩莖葉適合用來炒食及煮湯。

↑蝦米炒野莧菜也是不錯的調理方式。

↑食用前需先去皮，以免口感不佳。

↑蒜茸野莧莖。

蕺菜 *Houttuynia cordata*

科名：三白草科

英文名：Pig thigh

別名：臭腥草、魚腥草

原產地：臺灣、中國、爪哇、日本、琉球

盛產季節： 1 2 3 4 5 6 7 8 9 10 11 12

↑ 蕺菜的葉片具有特殊的魚腥味。

　　蕺菜全株有魚腥臭味，是早期農村的健康食品。當年還是人工收割稻穀時期，農家會收集成堆的稻草作為燃料和肥料，因此可見農民將稻草捆綁成錐形狀立在田裡等乾燥後，擇日再運回家堆疊成一座座的稻草堆。每當大人抓起一叢稻草時，地上就會出現泥鰍或青蛙。 這時大人會去摘採蕺菜，將水雞（青蛙）和蕺菜燉煮，讓小孩喝湯可以開脾提振食慾，長得健康強壯。

　　現在的料理方式為蕺菜雞湯或排骨湯，用新鮮蕺菜或乾蕺菜均可，取雞肉1/4隻或酌量排骨，將乾蕺菜和汆燙後的雞肉或排骨熬煮約1小時，加適量鹽即可食用，亦有加仙草一起煮，風味也很特別。

　　另外中醫上有一做法，直接用乾燥的蕺菜泡成茶水喝可消炎降火，也可煮成蕺菜青草茶飲，作法將乾蕺菜洗淨，放入鍋中加水煮沸，可熱飲也可冷飲（※亦有加入一枝香、箭葉鳳尾蕨一起煮）。

形態特徵

戴菜株高20〜50公分，全株有魚腥臭味；根狀莖細長，莖直立，基部伏生，紫紅色；葉互生，卵狀心形，先端漸尖，全緣，葉背常帶紫紅色，兩面除葉脈外均無毛；穗狀花序生於莖端，與葉對生，花序下方4枚白色花瓣狀的苞片為一種變態葉，稱為花葉；果實為蒴果，頂端開裂；種子卵圓形，具條紋。

分布產地

臺灣分布於中海拔以下山邊路旁溼地，多見群生。

食療資訊

全草鮮品用於治腫物，化膿消腫；揉汁治蟲螫，莖葉煎服治感冒，預防高血壓，為健康飲料，可利尿解毒、美容治黑斑。嫩葉可食治便秘。

↑ 利用戴菜熬燉排骨湯也是不錯的料理方式。

↑ 戴菜從根到花，全株皆有藥效。

葶菜
Cardamine flexuosa

科名：十字花科	英文名：Nasturti、Flexuosa bittercress
別名：焊菜、小葉碎米薺、細葉碎米薺、碎米薺	原產地：北半球溫暖帶

盛產季節： 1 2 3 4 5 6 7 8 9 10 11 12

↑葶菜的葉互生，呈羽狀複葉。

　　葶菜在本草綱目中即有記載，但「葶」字有時被誤寫為「焊」字。另有一種說法，焊菜一詞很早就出現在古書上，明、清以後記載為葶菜，「葶」為不常用漢字，久而久之又恢復成「焊」字。

　　葶菜是非常普遍的野菜，稍注意綠地或潮溼角落就有機會見到。有研究學者發現它也是紋白蝶幼蟲的食草。成熟角果輕輕碰觸會彈出種子，類似酢漿草、非洲鳳仙花，頗具趣味性，是寓教於樂的野生植物。

　　全株嫩莖葉皆可熟食，可做成葶菜煎餅，做法為準備葶菜嫩葉、蛋、低筋麵粉，接著加入少許水攪拌均勻成麵團狀，熱鍋加食用油，倒入麵團煎至兩面乾酥即可起鍋，視個人口味可沾蕃茄醬、甜辣醬、醬油膏等。葶菜煎蛋，也是很不錯的一道菜。如果有機會到野外或是在自家庭園的草地上發現葶菜時，記得採摘回來料理一番，您會發現它有別於經常食用的蔬菜，自有一種甘美的原始野味散發出來。

形態特徵

　　一、二年生草本，株高8~30公分，莖直立，纖細，柔嫩多汁；葉互生，羽狀分裂，頂裂片最大，橢圓形或倒卵形，有2~3缺刻，裂片均為波狀緣；花白色，十字花冠，於葉腋或莖頂排成總狀花序，花萼綠色；果為長角果，成熟時果皮扭轉，彈出種子；種子橢圓形，褐色。

分布產地

　　臺灣分布於全島溼潤的水田地、路旁水邊。

食療資訊

　　種子為利尿劑。

選購要領

市場上少有販售，要品嘗可自行自野外採取。

貯存要點

放置冰箱冷藏可保存2~3天，不耐久存，宜新鮮食用。

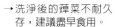
→洗淨後的蔊菜不耐久存，建議盡早食用。

↑蔊菜煎餅。

↑蔊菜煎蛋。

↑蔊菜全株的嫩莖葉皆可熟食。

山苦瓜 *Momordica charantia* var. *abbreviata*

科名：葫蘆科　　　　　　　　　　英文名：Balsam pear

別名：野苦瓜、短果苦瓜、假苦瓜、小苦瓜　　原產地：熱帶亞洲

盛產季節：1 2 3 **4 5 6 7 8 9 10 11** 12

↑山苦瓜為一年生蔓性攀緣草本植物，分枝繁茂。

　　野生山苦瓜口味相當苦澀，並非一般消費者所能接受，原本只是原住民的傳統蔬菜，市場並未販售，但在保健養生風潮興起後，野生山苦瓜異軍突起受到重視，逐漸獲得消費者的青睞。而且經花蓮農改場進行品種改良後，育成新品種「苦瓜花蓮1號」，技術移轉展開有機種植後備受消費者好評。

　　山苦瓜為苦瓜的變種，全株具有特異的臭味，春至夏季開花。果實表面有疣狀突起及軟刺，十分玲瓏可愛，未成熟果皮為濃綠色，成熟果皮為橙黃色，果熟透自然裂為3片，向外翻捲而露出被有深紅色假種皮的種子。果實含有高成分「苦瓜鹼」，故帶有苦味，煮後轉成苦甘味，有促進食慾、解渴、清涼、解毒及驅寒之效用。瓜果除了可當野外救荒野菜，也有入藥的價值。

　　山苦瓜葉形與橙紅色的果實非常漂亮，生性強健，容易照顧。許多家庭或民宿常用山苦瓜來美化住家的牆壁或圍籬，除了美觀外還可食用，可說一兼二顧。

　　山苦瓜的苦味較一般苦瓜強，近年來成為新興野菜。其果實可燉排骨湯，或切片晒乾裝罐，作為泡茶用，據說非常退火氣。

形態特徵

一年生蔓性攀緣草本植物，分枝繁茂，蔓具有卷鬚和毛茸；葉片輪廓近於圓形，廣大有5~7裂狀；花淡黃色，花冠五深裂；瓜果長卵形，末端呈尖嘴狀，果長3~15公分，果寬2~4公分。

分布產地

海拔1200公尺以下的開闊地、荒廢地、山坡地、灌木叢、平地到處可見。臺灣現已馴化為野生植物，中、南部中、低海拔山區、野地、路旁、荒廢地經常可見。

食療資訊

食用果實，治中暑、腹痛、痢疾、癰腫，全株治牙痛、胃痛、高血壓。種子為強壯劑。近年來之研究發現具有抗癌、降血脂的功效。

↑ 山苦瓜的果實含有「苦瓜鹼」。

選購要領

果實呈現橙黃色，果皮尚未裂開前採收。

貯存要點

放置冰箱可冷藏2~3天，但不耐久存，宜趁鮮食用。

↑ 山苦瓜果實裂開後露出紅色假種皮。

鴨兒芹

Cryptotaenia japonica

科名：繖形花科
別名：山芹菜、野蜀葵、三葉芹

英文名：Honewort、Japanese honewort
原產地：中國、日本、韓國、琉球

盛產季節： 1 2 3 4 5 6 7 8 9 10 11 12

↑ 鴨兒芹具有解毒消腫、祛風活血之功效。

　　鴨兒芹為早期臺灣先民食用的野生植物，由於風味辛香爽口，因而成為山產店的招牌菜餚。竄起後爆紅，因此就連野生種都已經不敷採摘，現有大量人工栽培以提供市場需求。產地集中在水里、鹿谷、溪頭等地，產量約占臺灣60%以上，在南投中寮、國姓、仁愛、霧社、嘉義阿里山及桃園復興和石門水庫附近均有栽植。全年均可生產，盛產期為3~5月及10~12月，淡季為6~9月及1~2月。

　　食用部位以嫩莖、嫩葉梗及葉片為主，炒食或煮湯均適合，也可單獨將葉片沾麵糊進行油炸食用，味道香甜，或是將鴨兒芹加山豬肉片炒食，都是不錯的選擇。由於需求及生產量大，已經成為普遍的健康蔬菜。鴨兒芹總是與山產味和路邊的海產店有著密不可分的關係，下回光顧這些店時，記得一定要點一盤道地的鴨兒芹，品嚐一下它的特殊美味。

形態特徵

　　鴨兒芹為多年生草本植物，株高30~60cm；根莖粗短。莖直立，根生葉及莖下部葉具長柄；葉三出複葉，故稱三葉草，形似鴨掌具葉緣且缺刻，銳鋸齒緣或不整鋸齒緣，越上部之葉小；花序為不整形之纖形花序，花小、白色；種子為黑褐色。

分布產地

　　臺灣分布於低海拔山地陰涼處路旁或空地。

食療資訊

　　鴨兒芹營養成分包含蛋白質、醣類、脂肪、維生素A、B、C、纖維、灰分、磷、鈣及鐵等。全草具有解毒消腫、祛風活血之功效。

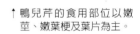

↑鴨兒芹的食用部位以嫩莖、嫩葉梗及葉片為主。

←清炒鴨兒芹。

↑鴨兒芹的葉片形似鴨掌，葉緣具缺刻。

雞屎藤 *Paederia scandens*

科名：茜草科	英文名：Wax gourd、White gourd
別名：牛皮凍、雞矢藤、臭藤、臭腥藤	原產地：印度、中國等熱帶及亞熱帶地區

盛產季節：1 2 3 4 5 6 7 8 9 10 11 12

↑ 雞屎藤的葉形變異極大，有卵形、卵形披針形至線狀披針形。

　　雞屎藤開的花很特別，白色紅心，布滿枝條上總會吸引路人佇足觀賞。但在清除雜草時，雞屎藤總是第一個遭殃。成為被清除的對象，實在要為它們小小抱屈一下。

　　其實雞屎藤是很棒的野菜，頗有食用與觀賞價值。雞屎藤葉子的變異很大，由狹小葉片到大片裂葉皆可見，但是它的氣味，絕對會讓您永生難忘。因此在摘採時，只要輕輕揉搓葉片，聞一下氣味，就可確認它的身分了。

　　至今雞屎藤在民間作為治感冒咳嗽還是很有用，感冒久咳的人，最常食用的方式就是燉粉腸。做法為將新鮮雞屎藤洗乾淨，接著把雞屎藤繞成一綑和粉腸放進鍋中，先大火煮沸後，改小火熬燉約2小時，您可只喝湯汁，或是單獨將粉腸沾醬料食用；也可以兩者放在一起食用，並視個人口味加鹽調味。另外不敢吃粉腸的人可以嘗試雞屎藤桔餅湯；新鮮雞屎藤加桔餅，成為一道甜的湯品。

　　這兩道藥膳適合於感冒咳嗽時燉一大鍋來喝。熟食的味道和生鮮的氣味截然不同，是值得你品嚐的美味。

形態特徵

多年生蔓性藤本，纏繞莖右旋，莖基部常木質化，徑粗可達1.5cm；葉對生，葉形變異極大，有卵形、卵形披針形至線狀披針形，銳尖頭，圓基，截基或淺心基；花腋生呈聚繖花序，或生於枝頂，花冠管狀，外面灰白色，裡面紅紫色，具絨毛，邊緣具皺紋；果球形，秋天黃熟，有光澤；種子2個，扁平。

分布產地

臺灣普遍分布於平野、山麓及中海拔山區。

食療資訊

莖葉用於驅風、鎮咳、祛痰。根部可製止痢藥、治咳嗽、風溼、感冒、痢疾。

↑ 食用部位以幼嫩未木質化的枝條為主。

選購要領

未見市場有販售，需自行野外採取，摘採時以幼嫩未木質化的枝條為主。

貯存要點

宜新鮮食用。

↑ 雞屎藤的花腋生，呈繖房狀或圓錐狀聚繖花序。

龍葵 *Solanum nigrum*

科名：茄科

別名：烏子仔菜、烏甜仔菜、烏仔菜、
苦葵、啞吧菜

英文名：Black nightshade

原產地：熱帶和溫帶地區

盛產季節：1 2 3 4 5 6 7 8 9 10 11 12

↑ 在菜園、田埂上常可見到龍葵的蹤跡。

　　龍葵在農村稱為烏甜仔菜，它成熟的黑紫色果實是早期鄉下小孩最愛的天然零食，一般在菜園、田埂常常可以見到。植株生長快速且分枝葉茂盛，只要一棵就可占據一平方公尺的地盤，會同時出現開花、結果和已成熟黑紫色果實的景象。

　　鳥兒也非常喜歡吃成熟的黑紫色果實，鳥兒吃了之後，一邊飛行，一邊解放減輕重量，這樣的行為幫助了龍葵傳播種子，所以到處都可見到它的身影。

　　龍葵植物鹼較多，最好是汆燙後再料理。食用時可用大蒜炒龍葵，做法為將龍葵葉洗淨汆燙備用，接著取少許油熱鍋，放入碎大蒜炒香，加入汆燙後的龍葵葉略炒，再加入鹽拌炒一下即可起鍋。

　　另外食用方法是龍葵蛋花湯，取適量水煮開加入高湯塊，放入洗淨的龍葵葉，滾至葉熟軟，將蛋打到碗裡攪拌均勻倒入鍋內，滾至蛋汁熟透即可起鍋食用，也可做成龍葵小魚乾湯，取適量水煮開加入小魚乾，放入洗淨龍葵葉，滾至葉熟軟，調味後即可起鍋食用。

形態特徵

龍葵株高40~80公分，莖多分枝，綠色，具3~4稜；葉卵形至長橢圓形，全緣或波狀緣，互生；花5~7朵簇生於花軸頂端，呈繖形花序狀；果實為漿果，黑紫色。

選購要領

以植株完整，葉片青綠未開花，無枯萎為最佳。（野外採取以嫩莖葉為主），果實黑熟亦可食用，但不宜多吃。

貯存要點

放置冰箱冷藏2~3天，不耐久存，宜新鮮食用。

分布產地

臺灣全境從海拔2500公尺以下至平地到處可見。

←龍葵蛋花湯。

食療資訊

全株用於解熱、利尿、消炎、鎮痛。民間以嫩莖葉煮蛋食用，可治眼疾。

↑龍葵的花5~7朵簇生於花軸頂端，呈繖形花序狀。

↑成熟的黑紫色果實。

↑龍葵的葉形呈卵形至長橢圓形。

大花咸豐草 *Bidens pilosa* var. *radiata*

科名：菊科　　　　　　　　　　英文名：Spanish needles

別名：大白花鬼針、白花婆婆針　原產地：琉球

盛產季節：1 2 3 4 5 6 7 8 9 10 11 12

↑ 大花咸豐草也是青草茶的重要原料之一。

　　據了解，大花咸豐草乃從琉球引入的外來種，當時是蜂農看上它四季開花且花粉量很大，可供蜜蜂採集利用。大花咸豐草是強勢物種，其種子的傳播方式使得它成為平地、路邊的優勢族群。大花咸豐草的果實無比厲害，只要一經碰觸，便附著於身上，任憑您如何甩都甩不掉，只好找個空曠地一根一根的拔下來，相信大家都有相同的經驗，殊不知這樣的動作卻幫大花咸豐草拓展了它的生存領域。由於大花咸豐草的強勢壓迫，原生種咸豐草現已很難發現。

　　食用方式為將鍋子裝水煮沸，接著放入大花咸豐草嫩芽葉煮熟撈起，淋少許橄欖油和肉醬拌勻即可食用，素食者可淋素肉醬或是素醬油膏。當夏季葉菜類蔬菜較缺乏時，可以採食嚐鮮。老莖葉也可當咸豐草的代用品，夏季煮開水飲用，成為清涼去火的青草茶。

形態特徵

多年生草本，高可達2公尺；莖方形，具明顯縱稜；葉對生、單葉或奇數羽狀複葉，先端銳尖，葉緣有粗鋸齒；頭狀花序頂生或腋生，繖房狀排列，外圍有白色舌狀花，中央為管狀花黃色；瘦果黑色，先端具有倒鉤刺，有2~3條具逆刺的芒狀冠毛。

分布產地

臺灣全境平地至中海拔山地到處可見。

食療資訊

莖葉可用來治盲腸炎、糖尿病，並為涼茶原料。外用敷創傷、拔膿生肌。根為解熱藥。

↑ 將大花咸豐草汆燙後淋上肉醬，也是不錯的料理方式。

選購要領

野外採取以嫩芽葉為主，市場沒有銷售，需自己野外採取，最佳選擇是雨後摘取食用。

貯存要點

宜新鮮食用。

↑ 大花咸豐草中央為黃色管狀花。

↑ 大花咸豐草一年四季皆可開花。

↑ 大花咸豐草的瘦果具芒狀冠毛。

昭和草

Crassocephalum cerpidioides

科名：菊科	英文名：Brazilian fireweed、Fireweed
別名：饑荒草、神仙菜、南洋筒葛、山茼蒿瓜	原產地：南美洲

盛產季節： 1 2 3 4 5 6 7 8 9 10 11 12

↑ 相傳昭和草乃日本大正昭和年間傳入臺灣，而得此名。

　　昭和草相傳是在日本大正昭和年間傳入臺灣，因而有濃厚的日本名字。傳聞當時是由飛機上灑下種子，所以又有人稱為「飛機草」。昭和草具有春菊的香氣，果實成熟易飛散遠播，處處著生，繁殖力強盛。有著朱紅色頭狀花的昭和草，清新脫俗很美觀，庭園上如果種上一大片，其效果不輸花錢買來的草花，除了觀賞又可食用，一舉兩得。

　　昭和草具有類似茼蒿菜的味道，所以又稱「山茼蒿」，可當野外救荒野菜，故亦稱「飢荒菜」。嚐過的人都視為野菜中的上品，風味絕不輸一般栽培的蔬菜。料理時可如一般蔬菜炒食，油鍋放入蒜頭爆香後再加入昭和草拌炒，調味後即可起鍋上桌。它的滑嫩美味算是頂級的野菜，所以是喜歡嚐食野菜饕客們的最愛。

形態特徵

一年生草本，莖直立，柔軟多汁；葉互生，倒卵狀長橢圓形，紙質，葉基羽狀，深裂，葉緣有不規則鋸齒緣。

頭狀花頂生，莖軸彎曲下垂，總苞圓筒形，基部膨大，綠色，上半部朱紅色，下半部白色，瘦果具白色冠毛會逐漸地乾燥而向外開展，隨風散播。

分布產地

海拔2500公尺以下的開闊地、荒廢地、休耕地、闊葉林緣。

→蒜炒昭和草。

食療資訊

全株治感冒、腹痛、腸炎、高血壓、便秘。

選購要領

以植株完整，葉片青綠，未開花且無枯萎最佳。（野外採取以嫩芽葉為主）

貯存要點

放置冰箱冷藏2~3天，因不耐久存，宜新鮮食用。

↑昭和草葉緣有不規則的鋸齒。

↑昭和草的瘦果具有白色冠毛，能藉由風力進行族群繁衍。

↑昭和草有朱紅色的頭狀花序。

鼠麴舅

Gnaphalium purpureum

科名：菊科	英文名：Purple cudweed
別名：天青白地、擬天青白地	原產地：朝鮮、中南半島、菲律賓、印度尼西亞、印度、臺灣、日本以及中國

盛產季節： 1 2 3 4 5 6 7 8 9 10 11 12

　　鼠麴舅與鼠麴草在外形上頗為類似，主要區別點為其花序的顏色，鼠麴舅的花序為頭狀花總苞片稻草色、淡褐色或先端略帶紅紫色，而鼠麴草則是頭狀花總苞片亮黃色、淺黃色或乳白色。在利用情況上，中部較常利用鼠麴草，北部則以鼠麴舅較多。臺灣民俗會將鼠麴草用於製作粿，為清明節掃墓祭祖品，俗稱「草仔粿」，是非常具有獨特風味的臺灣地方小吃。

　　草仔粿的作法是先將鼠麴草嫩莖葉花洗淨備用，接著取一鍋水煮沸，放入洗淨的鼠麴草嫩莖葉花煮熟，撈起去除水分後，先將糯米粉加適量水揉成糯米糰，再加入熟鼠麴草揉勻包好草粿，放入蒸籠，蒸時需用大火，再轉中火，蒸的過程中要掀開蒸籠蓋約2~3次，防止外皮熟軟流走不成型，視包的粿大小而蒸的時間也不同，可用筷子插入粿中檢視是否熟透，蒸好的粿放微涼即可食用。

↑ 鼠麴舅全株密披灰白色柔毛

↑ 加入煮熟鼠麴草揉勻的糯米糰。

形態特徵

鼠麴舅為一年生草本。株高約20~50cm，全株密被灰白色柔毛，根際多分株，葉互生，無柄，葉片狹長呈線狀披針形或略倒披針形，全緣。花期時於莖上部葉腋著生小枝，頭狀花序，簇生。總苞片為線狀長橢圓形銳頭，花淡褐色。瘦果細小。

鼠麴草為二年生草本。莖葉薄，匙形或倒披針形，先端突尖，兩面及莖密被白色綿毛。莖上部繖房狀分枝，頭狀花多數，具短梗或無梗，總苞片亮黃色。花期3~8月。分布於海濱至海拔2000公尺的開闊地。

分布產地

臺灣全境從平地至低海拔山野路旁、耕地、開闊地、荒廢地皆可見。

食療資訊

全株用為鎮咳祛痰；治氣喘，高血壓，胃潰瘍，支氣管炎。

↑ 草仔粿。

↑ 鼠麴草。

↑ 鼠麴舅全年皆會開花。

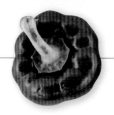

參考書目及資料

- 梁鶚等。1977。專業蔬菜栽培30種。豐年社。臺北。

- 梁鶚等。1978。莖菜栽培。豐年社。臺北。

- 甘偉松。1980。臺灣藥用植物誌1-3。國立中國醫藥研究所。臺中。

- 梁鶚等。1980。臺灣農家要覽（上）。豐年社。臺北。

- 梁鶚等。1981。蔬菜加工。豐年社。臺北。

- 梁鶚等。1984。瓜類栽培。豐年社。臺北。

- 鄭元春。1985。野菜。渡假出版社有限公司。臺北。

- 周廷光。1987。蔬菜。淑馨出版社。臺北

- 黃涵。1987。豆類蔬菜。豐年社。臺北

- 薛聰賢。1990。臺灣蔬果實用百科1。臺灣普綠有限公司。員林。

- 洪丁興。1998。臺南縣鄉土植物。臺南縣政府教育廳。臺南。

- 曹幸之、羅筱鳳。2001。蔬菜。復文書局。臺南。

- 李松柏。2007。臺灣水生植物圖鑑。晨星出版社。臺中。

- 張憲昌。2007。臺灣藥用植物圖鑑。晨星出版社。臺中。

- 簡錦玲。2007。野菜美食家。天下遠見出版股份有限公司。臺北。

- 簡錦玲。2007。臺灣好蔬菜。天下遠見出版股份有限公司。臺北。

- 邱紹傑、彭宏源。2008。臺灣客家民族植物（圖鑑篇）。行政院農業委員會林務局。臺北。

國家圖書館出版品預行編目 (CIP) 資料

蔬果・野菜圖鑑 / 宋芬玫，沈競辰，許佳玲，謝素芬 作.
－－二版.－－臺中市：晨星出版有限公司, 2023.10
面； 公分.－－（台灣自然圖鑑；014）

ISBN 978-626-320-523-9（平裝）
1.CST：蔬菜 2.CST：植物圖鑑

435.2025 112009967

台灣自然圖鑑 014
蔬果・野菜圖鑑

作者	宋芬玫、沈競辰、許佳玲、謝素芬
主編	徐惠雅
執行主編	許裕苗
校對	沈競辰、謝素芬、許裕苗
美術編輯	陳秋英

創辦人	陳銘民
發行所	晨星出版有限公司
	臺中市407工業區30路1號
	TEL：(04)23595820　FAX：(04)23597123
	E-mail：service@morningstar.com.tw
	http://star.morningstar.com.tw
	行政院新聞局局版臺業字第2500號
法律顧問	陳思成律師
初版	西元2010年11月10日
二版	西元2023年10月06日

讀者專線	TEL：02-23672044 / 04-23595819#212
	FAX：02-23635741 / 04-23595493
	E-mail：service@morningstar.com.tw
網路書店	http://www.morningstar.com.tw
郵政劃撥	15060393（知己圖書股份有限公司）
印刷	上好印刷股份有限公司

定價690元
ISBN 978-626-320-523-9
Published by Morning Star Publishing Inc.
Printed in Taiwan

◆ 讀 者 回 函 卡 ◆

以下資料或許太過繁瑣，但卻是我們瞭解您的唯一途徑

誠摯期待能與您在下一本書中相逢，讓我們一起從閱讀中尋找樂趣吧！

姓名：＿＿＿＿＿＿＿＿＿＿　性別：□ 男　□ 女　　生日：　　／　　　　　／

教育程度：＿＿＿＿＿＿＿＿＿

職業：□ 學生　　　　　□ 教師　　　　　□ 內勤職員　　　□ 家庭主婦

　　　□ SOHO族　　　□ 企業主管　　　□ 服務業　　　　□ 製造業

　　　□ 醫藥護理　　　□ 軍警　　　　　□ 資訊業　　　　□ 銷售業務

　　　□ 其他＿＿＿＿＿＿＿＿＿＿

E-mail：＿＿＿＿＿＿＿＿＿＿＿＿＿　聯絡電話：＿＿＿＿＿＿＿＿＿＿＿＿＿

聯絡地址：□□□＿＿＿＿＿＿＿＿＿＿＿＿＿＿＿＿＿＿＿＿＿＿＿＿＿＿＿

購買書名：　蔬果・野菜圖鑑＿＿＿＿＿＿＿＿＿＿＿＿＿＿＿＿＿＿＿＿＿

・本書中最吸引您的是哪一篇文章或哪一段話呢？＿＿＿＿＿＿＿＿＿＿＿＿＿

・誘使您購買此書的原因？

□ 於 ＿＿＿＿＿ 書店尋找新知時　□ 看 ＿＿＿＿＿ 報時瞄到　□ 受海報或文案吸引

□ 翻閱 ＿＿＿＿＿ 雜誌時　□ 親朋好友拍胸脯保證　□ ＿＿＿＿＿ 電臺DJ熱情推薦

□ 其他編輯萬萬想不到的過程：＿＿＿＿＿＿＿＿＿＿＿＿＿＿＿＿＿＿＿＿

・對於本書的評分？（請填代號：1.很滿意　2.OK啦　3.尚可　4.需改進）

封面設計 ＿＿＿＿＿＿　版面編排 ＿＿＿＿＿＿　內容 ＿＿＿＿＿＿　文／譯筆 ＿＿＿＿＿＿

・美好的事物、聲音或影像都很吸引人，但究竟是怎樣的書最能吸引您呢？

□ 價格殺紅眼的書　□ 內容符合需求　□ 贈品大碗又滿意　□ 我誓死效忠此作者

□ 晨星出版，必屬佳作！□ 千里相逢，即是有緣　□ 其他原因，請務必告訴我們！

＿＿＿＿＿＿＿＿＿＿＿＿＿＿＿＿＿＿＿＿＿＿＿＿＿＿＿＿＿＿＿＿＿＿＿

・您與眾不同的閱讀品味，也請務必與我們分享：

□ 哲學　　　□ 心理學　　□ 宗教　　　□ 自然生態　　□ 流行趨勢　　□ 醫療保健

□ 財經企管　□ 史地　　　□ 傳記　　　□ 文學　　　　□ 散文　　　　□ 原住民

□ 小說　　　□ 親子叢書　□ 休閒旅遊　□ 其他＿＿＿＿＿＿＿＿＿＿＿＿＿＿

以上問題想必耗去您不少心力，為免這份心血白費

請務必將此回函郵寄回本社，或傳真至（04）2359-7123，感謝！

若行有餘力，也請不吝賜教，好讓我們可以出版更多更好的書！

・其他意見：

晨星出版有限公司 編輯群，感謝您！

郵票

請黏貼 8 元郵票

407

臺中市工業區 30 路 1 號

晨星出版有限公司

填問卷，送好書

凡填妥問卷後寄回，只要附上60元回郵，
我們即贈送您自然公園系列
《花的智慧》一書。

 晨星自然

天文、動物、植物、登山、生態攝影、自然風DIY……各種最新
最夯的自然大小事，盡在「晨星自然」臉書，快點加入吧！

晨星出版有限公司 編輯群，感謝您！